Imprimerie de Giroux et Vialat. — Saint-Denis-du-Port, Lagny.

DICTIONNAIRE

DES

SCIENCES DENTAIRES.

DICTIONNAIRE

DES

CIENCES DENTAIRES

SUIVI

D'UN DICTIONNAIRE DE BIBLIOGRAPHIE DENTAIRE, AVEC L'INDICATION
ET L'APPRÉCIATION DES OUVRAGES QUI DOIVENT SE
TROUVER DANS LA BIBLIOTHÈQUE D'UN DENTISTE.

PAR

WILLIAM ROGERS

Auteur de l'Encyclopédie du Dentiste. — Du Manuel d'Hygiène dentaire.
— De l'Esquisse sur les Osanores.

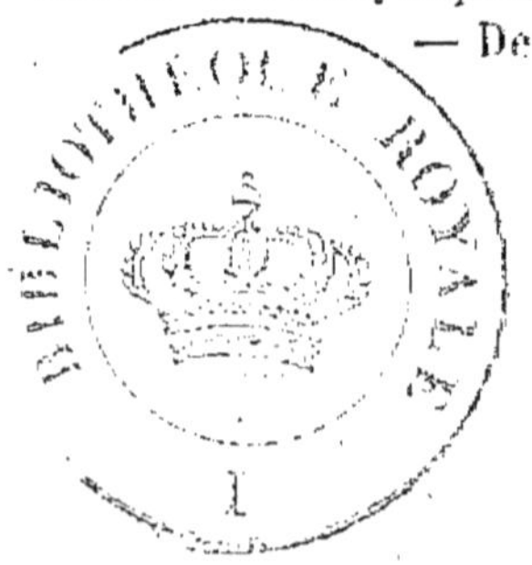

PARIS,

GERMAIN BAILLIÈRE, ÉDITEUR.
Rue de l'École-de-Médecine.

CHEZ L'AUTEUR, RUE SAINT-HONORÉ, 270.

1846.

DÉDIÉ

A son Altesse

IBRAHIM PACHA.

PRÉFACE.

Une préface en tête de ce Dictionnaire paraîtra
peut-être un hors-d'œuvre à certaines personnes
qui ont pour habitude de ne voir dans tous les discours et aperçus préliminaires que de simples exposés de doctrines ou de professions de foi. A n'en-
visager le nouvel ouvrage que je livre au public que
sous le point de vue des matières, j'aurais pu me
contenter d'un avis ou d'une note explicative, mon-
trant l'opportunité de cette nouvelle production ;
mais, en face des derniers efforts tentés par l'envie
de quelques adversaires, je devais des explications
aux clients qui m'ont honoré de leur confiance, au
public si juste appréciateur des hommes et des
choses, à ce juge intègre et impartial qui pèse dans
sa balance le mérite des individus et ne prête jamais
l'oreille aux criailleries de la jalousie. Très long-

temps et avec une patience trop grande peut-être, j'ai supporté les coups incessants de la calomnie, arme si redoutable ; j'aurais dû pourtant me souvenir de l'infernale maxime de Basile : *Calomniez, il en restera toujours quelque chose.* Mais je croyais que le meilleur moyen de réduire les jaloux au silence était la persévérance à perfectionner mon art, le zèle à recueillir tous les documents relatifs à la science dentaire. A mon début, quand je publiai l'esquisse sur les Dents osanores, la routine commença à s'émouvoir. Cet opuscule fut bientôt suivi de mon grand ouvrage, l'*Encyclopédie du Dentiste*, répertoire général de tout ce qui a été dit et écrit sur les maladies de la bouche et sur les moyens d'y remédier. Nonobstant la jalousie, cet ouvrage reçut du public l'accueil le plus favorable. Plus tard, je fis paraître mon *Manuel d'Hygiène dentaire à l'usage de toutes les classes et professions.* Ce petit traité des principaux remèdes aux affections buccales me valut l'honneur de l'approbation de plusieurs médecins célèbres ; il me suffira de citer le savant Lallemand de Montpellier, qui voulut bien mettre mon livre sous le patronage de son glorieux nom.

Mais tout cela ne pouvait avoir lieu sans que la

presse s'occupât de moi, sans que mes éditeurs ne missent en jeu toutes les ressources de la publicité ; alors il m'a été fait un crime de ce qui faisait ma gloire, et parce que j'ai dédaigné de répondre au reproche de rechercher la renommée avec avidité, mes adversaires ont poussé l'impudeur de la jalousie jusqu'à me contester la découverte et le perfectionnement des Osanores. Ils ont dit que ce nouveau système était vieux comme le temps, et que la fabrication de mes râteliers servait ordinairement d'épreuve pour les commençants ; néanmoins, et pour ne pas être absurdes à-demi, tous se sont empressés d'adopter mon système, tous ont voulu imiter les Osanores ; ils se sont servi de cette dénomination inconnue avant moi, pour orner leurs étalages, pour attirer l'attention du public. Mon système qu'ils ont tant décrié n'est donc pas si mauvais, puisqu'ils l'ont adopté, cherchant avec effort à l'imiter le plus possible ; je les mets au défi ; oui, je les mets au défi de me prouver que quelqu'un d'entre eux ait connu les Osanores, avant que mes succès eussent popularisé ce nouveau mode de prothèse dentaire.

Mais que nous importent toutes ces diatribes ? ne nous suffit-il pas que notre clientèle, l'élite de la société parisienne, ait eu jusqu'à ce jour à se louer de la beauté, de la solidité, de la bonté de nos dentiers?

Hâtons-nous de dire à toutes ces personnes dont les suffrages nous honorent, dont la bienveillance est pour nous un précieux trésor, hâtons-nous de leur dire que leur approbation nous suffit pour supporter la lutte et que rien ne lassera notre zèle, ni notre courage; que ces personnes honorables reçoivent ici l'expression de notre vive et sincère reconnaissance.

Parlons maintenant de l'ouvrage qui est l'objet principal de cette préface. Aussitôt qu'une science est arrivée à un certain degré de perfection et qu'elle compte de nombreux écrivains qui ont traité séparément chacune de ses parties, on éprouve le besoin d'un répertoire général où l'on trouve avec facilité et au moment voulu des notions spéciales sur un objet quelconque: ce but est atteint incontestablement par les dictionnaires; aussi les philosophes, les savants du siècle dernier comprirent-ils que le temps était venu de généraliser, de centraliser les connaissances humaines, et tel fut l'objet de la grande Encyclopédie, monument de patience, de travail et de génie.

Les encyclopédistes ont eu depuis un très grand nombre d'imitateurs. En effet, il n'est pas de science, d'art, qui ne possède son dictionnaire. La médecine, la chirurgie, l'histoire naturelle, la botanique en comptent plusieurs, et tous ont obtenu un succès mérité. Qui pourrait nier, par exemple, l'immense utilité du dictionnaire des sciences médicales où tous les médecins et les gens du monde puisent les documents précieux sur les maladies, sur leurs causes, sur leurs remèdes? Les savants qui ont coopéré à cet ouvrage ont rendu à la science un très grand service. Je voudrais les imiter, et depuis quatre ans je travaille à recueillir tout ce qui tient à l'art du dentiste, à son origine, à ses vicissitudes, à ses progrès.

Jusqu'à ce jour, il eût été inopportun, je dirai même très difficile, de composer un dictionnaire des connaissances dentaires, parce que notre art, livré primitivement à des personnes qui n'en comprenaient pas l'importance, et ne pouvaient, par conséquent, prévoir le grand développement qu'il devait prendre plus tard, est resté stationnaire ; mais depuis quelques années, ce qu'il y a de plus remarquable parmi les dentistes, aspire à obtenir droit de cité et droit de bourgeoisie dans le monde scientifique. On a beaucoup écrit sur les affections buccales, et si, dans la bibliographie dentaire, on compte peu d'ouvrages qui aient été couronnés par les honneurs de la vogue, si le succès en a été restreint, on doit attribuer ce manque d'enthousiasme à la prévention qui a longtemps pesé sur les dentistes.

« Aujourd'hui, dit un élégant écrivain, l'art du
« dentiste ne s'étale plus sur les tréteaux de Thespis,
« il est porté à un haut degré de perfection, et l'on
« voit dans toutes les grandes villes, non moins
« qu'à Paris, des hommes distingués qui honorent
« leur profession. Plusieurs ont composé de savants
« ouvrages et payé largement leur tribut à la pro-
« thèse. » Poussé par une généreuse émulation, j'ai voulu aussi porter ma pierre pour la construction de l'édifice commun.

Dans mon *Encyclopédie du Dentiste*, j'ai parcouru toutes les catégories des connaissances dentaires, c'est le répertoire le plus complet de toutes les vastes branches que comprend notre profession.

Dans un ouvrage plus élémentaire, j'ai donné à

toutes les classes, à toutes les professions, des préceptes particuliers sur l'hygiène dentaire. Cet ouvrage, je l'ai intitulé : *Manuel d'Hygiène dentaire à l'usage de toutes les classes et professions.*

Pour compléter mon œuvre et me mettre, autant que possible à la hauteur de mes devanciers, et de mes contemporains, j'ai recueilli et mis en ordre les nombreux matériaux d'un *Dictionnaire des Connaissances dentaires.* J'avoue que ce travail m'a coûté des années et de longues veilles ; il m'a fallu, pour réunir tant de documents épars, compulser une infinité de volumes écrits dans les principales langues de l'Europe. Il n'existe pas, à ma connaissance, d'autre dictionnaire spécialement consacré aux sciences dentaires, aux affections buccales, et j'ai été dans la nécessité de tout trouver, de tout coordonner. Mes confrères qui savent combien il existe de ramifications diverses dans notre art apprécieront mon travail et les pénibles recherches auxquelles je me livre depuis plusieurs années. Ils y trouveront réunies par lettre alphabétique toutes les richesses scientifiques des plus célèbres praticiens qui ont écrit

(1) Un fort volume, se vend chez Baillière, rue de l'École de Médecine.

sur les nombreuses matières relatives à l'art du dentiste. Les gens du monde, les personnes de toutes les classes et professions pourront facilement apprécier les causes des nombreuses lésions qui affectent les organes dentaires et les différents moyens indiqués par les saines doctrines pour y remédier. Ce dictionnaire sera donc une heureuse innovation, un service réel rendu non-seulement aux dentistes, mais encore à toutes les personnes que de cruelles douleurs forcent à s'occuper de ce qui a rapport aux maladies buccales.

Dire quelles sont les matières contenues dans un dictionnaire des connaissances dentaires, ce serait faire l'interminable énumération de tout ce qui se rattache à l'art du dentiste d'une manière plus ou moins directe : une pareille nomenclature serait inutile et même fastidieuse dans une préface : aussi je me bornerai à indiquer succinctement les grandes divisions.

On trouvera dans mon dictionnaire :

1° Tout ce qui tient à l'anatomie, à la physiologie des dents ;

2° La description et l'appréciation de toutes les

maladies, ou, pour parler le langage scientifique, un traité complet d'odontalgie;

3° La description des divers procédés et des instruments qui servent à la prothèse ;

4° Des aperçus bibliographiques où seront appréciés les nombreux ouvrages des plus célèbres praticiens de France, d'Angleterre, d'Allemagne et autres pays;

5° Tout ce qui a rapport à la thérapeutique dentaire.

Mon ouvrage aura donc l'utilité et l'à-propos des écrits encyclopédiques qui obtiennent de nos jours une si grande vogue, parce qu'ils simplifient toutes les sciences et en rendent l'étude beaucoup plus facile. S'il obtient l'accueil que le public a bien voulu faire à mon *Encyclopédie du Dentiste* et à mon *Manuel d'Hygiène dentaire*, le plus ardent de mes désirs sera accompli, car le but constant de mes travaux a toujours été et sera toujours le progrès de la prothèse et son perfectionnement indéfini.

WILLIAM ROGERS.

Paris, ce 1er mars 1846.

P. S. J'en étais là de ma préface, lorsque **M.** le docteur Lallemand de Montpellier, mon très honoré protecteur, m'a adressé la lettre suivante :

Mon cher monsieur Rogers,

Son Altesse Ibrahim Pacha m'a chargé de lui envoyer un dentiste de confiance. Présentez-vous demain matin à l'Élysée-Bourbon, entre 7 et 8 heures, et vous serez introduit.

Agréez mes civilités empressées,

LALLEMAND.

Je me suis rendu chez Son Altesse, et j'ai eu le bonheur de voir mes soins couronnés d'un plein succès. Mes Dentiers Osanores ont répondu à l'attente du prince égyptien, et il a bien voulu me faire l'honneur d'accepter la dédicace de mon livre.

DICTIONNAIRE

DES

SCIENCES DENTAIRES.

A

ABAISSEUR (*depressor*). On donne ce nom aux différents muscles dont l'usage est d'abaisser quelques parties. Les principaux sont :

L'abaisseur de l'aile du nez ou myrtiforme.

L'abaisseur de l'angle des lèvres ou maxillo-labial.

L'abaisseur de la lèvre inférieure ou mento-labial.

ABDUCTEUR (*abductor*). Muscle destiné à faire mouvoir certaines parties en les éloignant de l'axe du corps.

Abducteur de l'œil (voyez droit externe).

ABCÈS (des gencives). Ces sortes de tumeurs, qu'on appelle aussi *phlegmon*, se développent le plus souvent dans le voisinage des dents cariées, surtout des petites molaires ; elles sont plus fréquentes dans le voisinage des incisives de la mâchoire supérieure. Elles occasionent les céphalalgies, les horripilations, la fièvre. Dans les cas de phlogose invétérée, on a recours aux topiques émollients : si la maladie paraît se terminer par la suppuration, les symptômes n'en sont jamais alarmants.

ADHÉRENCES (des gencives aux joues). Elles sont occasionées par une ulcération quelconque des gencives ou des joues, quelquefois par l'emploi du mercure. On les prévient en faisant passer très souvent entre les gencives et les joues un pinceau trempé dans un liquide mucilagineux : très souvent l'emploi des instruments est nécessaire pour rétablir la séparation naturelle ; la séparation une fois opérée, il faut avoir soin de tenir les parties écartées.

ABLATION. Signifie le retranchement d'une partie quelconque du corps, d'un membre, d'une tumeur, d'une dent.

ABLUANT (participe du verbe *abluere*, nettoyer, laver). Se dit des médicaments employés pour extraire les impuretés adhérentes à la surface de certains tissus. Les dentifrices, les élixirs sont des abluants.

ABLUTION. Ce mot, qui signifie action de laver, est synonime de lotion.

ABRASION (*abrasio,* de *abradere*), *racler,* ou ulcération superficielle des membranes qui se détachent par petits fragments : on dit abrasion des gencives, de la muqueuse.

ABSCISION (de *abscindere*, couper). Retranchement d'une partie corrompue ou trop volumineuse.

ABSORBANT. Nom qu'on donne à des médicaments propres à neutraliser les humeurs âcres et surabondantes.

ABSORPTION. Propriété inhérente aux vaisseaux lymphatiques de pomper les fluides qui nous environnent.

ACÉTATE. Nom générique qu'on donne aux sels qui résultent de la combinaison de l'acide acétique avec une base quelconque, et dont on se sert pour la composition des dentifrices.

ACHORES (du mot grec *axhor*). Ulcère à la tête, teigne humide, *croûte laiteuse*, affection des enfants pendant la première dentition.

ACIDE. Signifie en général tout ce qui est aigre. Les acides sont tous, sans exception, nuisibles aux dents.

ACIDE HYDROCHLORIQUE. Incolore, gazeux, d'une saveur vive, d'une odeur très piquante. Mélangé à l'air, il produit des vapeurs blanches. Les dentistes l'emploient pour faire *l'eau régale*

ACIDE HYDROCHLORONITRIQUE. On le nommait autrefois *eau régale :* c'est un mélange d'acide nitrique et muriatique ; les proportions de ce mélange varient suivant l'usage qu'on veut en faire. Pour dissoudre le platine, on emploie trois parties d'acide hydrochlorique, et une d'acide nitrique ; deux parties d'acide hydrochlorique et une d'acide nitrique, lorsqu'on veut dissoudre de l'or.

ACIDE NITRIQUE. Liquide blanc, transparent, d'une odeur desagréable et très piquante; il se compose d'un mélange de parties égales de nitre (*nitrate de potasse*) bien sec, et d'acide sulfurique très concentré dans une cornue à récipient. L'acide nitrique, qu'on nomme aussi *eau seconde*, s'emploie en général pour dissoudre les métaux

ACCIDENTS (*de l'extraction*). Ces accidents sont :

1° La fracture des dents, celle des alvéoles, la meurtrissure des gencives ;

2° L'arrachement des gencives et d'une portion de l'alvéole : il faut, dans ce cas, saisir la dent avec le davier, et achever au plus vite l'extraction : il n'y a d'ailleurs aucun danger grave;

3° L'ébranlement, la luxation, ou même l'arrachement d'une dent saine : il faut à l'instant même la remettre en place, par le procédé de la transplantation.

4° L'hémorrhagie : le gargarisme acidulé suffit ordinairement pour l'arrêter; si elle présiste et qu'elle vienne du fond de l'alvéole, on remplit le trou avec un bouchon de cire; si elle vient d'ailleurs et qu'elle soit rebelle, on a recours au tamponnement avec la charpie et l'agaric, soutenu par un bandage extérieur, auquel on donne un morceau de liége pour point d'appui.

ACIDULE. On appelle *acidule* toute substance qui est d'une acidité peu prononcée : les dentifrices sont généralement acidulés, de même que les lotions et gargarismes.

ACCROISSEMENT (*des dents*). Dans le courant du second mois on remarque, chez le fœtus, les germes des dents. Ces germes, dit Béclard, consistent en follicules membraneux situés dans la gencive, dans la gouttière que commencent à présenter alors les mâchoires, et où ils forment, par leurs séries, deux arcs, un supérieur et un inférieur. Le germe de la canine fait exception : il est placé en dehors de l'arc ; mais les arcades alvéolaires s'accroissant continuellement, à l'époque de l'éruption, la canine se trouve en ligne avec les autres. Le follicule, très petit d'abord, et qui s'accroît rapidement a une forme ovoïde ou olivaire. Il est plongé au milieu d'un tissu cellulaire pulpeux ; par une de ses extrémités qui est profonde, il tient à un pédicule vasculaire et nerveux ; par l'autre, qui est superficielle, il tient sous la gencive, et présente probablement là un pore ou un orifice imperceptible de communication avec la surface de cette membrane. Cette cavité du follicule a d'abord la même figure que lui, et en occupe toute l'étendue : elle est remplie d'un liquide incolore, limpide mais contenant cependant quelques flocons. Sa consistance est mucilagineuse, cependant il n'est pas visqueux. A une époque plus avancée, le follicule se remplit d'une espèce de papille vasculaire et nerveuse qui, végétant pour ainsi dire dans l'intérieur du follicule, finit par le remplir tout entier. Les parois du follicule sont formées d'une membrane bifoliée, donc le feuillet extérieur est blanc, quoique tenace, fibreux, et tendu sur l'autre feuillet qui est très vasculaire. Le follicule et sa papille, qui le remplit en grande partie, s'accroissent jusqu'à l'époque de l'*ossification*, et, à cette époque, le sommet de la papille a la forme de la couronne de la dent.

ADDUCTEUR. Nom donné aux muscles qui rapprochent un membre du plan médian qu'on suppose partager le corps en deux parties égales. L'*adducteur* de l'œil appartient seul à la science dentaire.

ADHÉRENCE. La pathologie dentaire donne le nom d'adhérence à l'union de certaines parties qui, dans l'état naturel, doivent être séparées. On dit adhérence des lèvres et des gencives.

ADIAPNEUSTIE (adiapnein), ou suppression de la transpiration des organes cutanés. Les enfants, pendant la première dentition, sont souvent atteints d'adiapneustie.

ADOUCISSANT. Nom des médicaments internes et externes ayant pour but de diminuer la sensibilité et la contractibilité des organes. Les adoucissants sont employés avec succès pour combattre l'odontalgie.

ADUSTION (*adustio-brûlure*). Action par laquelle on applique le feu sur une partie du corps : cautérisation dès dents par le feu d'après l'ancien système.

ADYNAMIE (*adynamis, sans force*). Débilité extrême, prostration de forces ; les organes dentaires sont sujets à l'adynamie.

ADYNAMIQUE. Faible, abattu ; se dit de certaines affections dentaires des enfants.

AFFECTION. Dans le langage dentaire, ce mot signifie *maladie*. On dit affection gengivale, affection scorbutique.

AFFINER. Ce mot signifie en métallurgie l'action de purifier les métaux par le feu.

AFFLUX (*affluere*, couler). Se dit de l'abord des humeurs vers une partie où préexistait un point d'irritation. Dans les odontalgies il y a ordinairement afflux.

AGACEMENT (des dents). Affection déterminée par l'usage des acides, des fruits verts, ce qui empêche de mordre ou de mâcher sans éprouver une sensation pénible. Les incisives en sont ordinairement les premières atteintes. Les praticiens ne sont pas d'accord sur les causes de l'agacement et sur la manière dont il est produit ; plusieurs ont pensé que dans cette affection les gencives étaient seules surexcitées : quant à nous, guidé par l'expérience, nous croyons que les acides ramollissent l'émail, et pénètrent jusqu'à la couche de la substance osseuse où s'observe la circulation et la distribution des nerfs dentaires. Les principaux remèdes contre l'agacement sont :

La mastication des tiges de pourpier.

La friction sur les gencives avec du marc de café.

L'application d'un linge chaud sur les parties.

L'application du carbonate de chaux.

Ces remèdes ne nous paraissent nullement dangereux, mais nous doutons de leur efficacité.

AGE (*son influence sur les organes dentaires*). De même que l'hygiène médicale varie pour être appropriée à chaque âge, de même l'hygiène dentaire subit de nombreuses modifications.

L'*enfance* est l'âge le plus critique : la première dentition, l'éruption des dents permanentes ne s'opèrent pas sans danger.

L'*adolescence* offre beaucoup moins de périls : les jeunes gens n'ont qu'à entretenir leur bouche dans un état de parfaite propreté.

L'*âge mûr* n'a pas de révolutions dentaires ; on ne souffre plus des dents, à moins qu'elles ne soient sujettes à des affections naturelles ou occasionnelles.

La *vieillesse* n'a aucun secours à attendre de l'hygiène dentaire ; il n'est pas plus possible de conserver les dents des vieillards, que de les préserver de la mort.

AGARIC. Genre de plante de la cryptogamie de Linnée, de la famille des champignons de Jussieu. L'agaric de chêne, ou amadou, est employé par les dentistes pour arrêter les hémorragies à la suite d'extractions dentaires.

AIGRE (devenir aigre). On dit en parlant d'un métal qu'il devient *aigre*, quand ses parties ne sont pas bien liées, et qu'elles se séparent facilement les unes des autres.

AIMANT (*fer aimanté*). Petit barreau de fer dont on se sert pour séparer le fer qui se trouve mêlé avec la limaille d'or ou de platine.

AIR ATMOSPHÉRIQUE (*son influence sur les organes dentaires*). L'air modérément *chaud* et *sec*, augmentant l'activité de tous les organes, est très favorable aux dents ; trop *chaud* et trop *sec*, il prédispose aux odontalgies. L'air *froid* et humide, rétrécissant le système capillaire, engendre les affections des membranes muqueuses, les engorgements des glandes, le scorbut ; il détériore rapidement l'harmonie dentaire, si on n'a pas soin de se prémunir contre cet agent destructeur.

ALLIAGE. On désigne, sous ce nom, les corps qui résultent de l'union des métaux entre eux, à l'aide de la fusion.

ALLIAGES (*soudures d'or*). Alliage d'or, d'argent et de cuivre rouge, qui rend l'or plus fusible qu'il ne l'est dans son état naturel. Les soudures d'or se font presque toujours avec de l'or à 18 karats. On distingue quatre soudures dont l'alliage est composé de quatre parties d'argent fin et d'une partie de cuivre rosette.

Il est une cinquième soudure dont l'alliage se fait avec partie égale d'argent et de cuivre.

Voici le tableau de ces cinq soudures :

1° la soudure au 6, qui se fait avec 5 parties d'or et 1 partie d'alliage.

2°   *Idem*   5   *Idem*   4 parties d'or et 1 partie d'alliage.

3°   *Idem*   4   *Idem*   3 parties d'or et 1 partie d'alliage.

4°   *Idem*   3   *Idem*   2 parties d'or et 1 partie d'alliage.

5°   *Idem*   2   *Idem*   1 partie d'or et 1 partie d'alliage.

Il existe un ancien tableau des quantités d'alliage à ajouter, par once, aux diverses quantités d'or, pour les réduire soit au 1er, soit au 2e, soit au 3e titre. Pour former les alliages, on introduit les métaux dans un creuset placé dans la caisse d'une forge, où on le maintient à une chaleur rouge, jusqu'à parfaite fusion de sa matière (M. Dupuy.).

TABLEAU.

Ier Tit., à 22 k. 22/32 1/2 (920 mill.).

Pour une once.	ALLIAGE.	
	gros	grains.
Or à 24 karats....................................	»	50
Ducat de Hanovre de 1712...................	»	48 1/2
Double ducat de Danemarck.................	»	43
Ducat de Hollande de 1756.................	»	41
Idem de 1801.................	»	39 1/2
Ducat de Frédéric-Guillaume, Prusse.........	»	38
Idem de Hambourg, de 1740...............	»	38

IIe Tit., à 20 k. 5/32 (840 mill.)

		ALLIAGE.	
		gros	grains.
Or à 24 karats...............................		1	38
Guinée de Georges Ier....			
Idem d'Anne d'Angleterre.			
Idem de Georges III..... } Angleterre....		»	52
Demi-guinée			
Quadruples du Pérou, du Mexique et d'Espagne...... ....»		»	45 1/2
Double Frédéric et simple de Prusse.........		»	44
Louis de 1785, aux armes...		»	42
Idem neuf, de 20 francs.....		»	41
Idem vieux de Louis XVI.... } France....		»	41
Idem de 1726, à lunettes....		»	38 1/2
Ducat courant de Danemarck...............		»	28

IIIᵉ Tit., 18 karats (750 mill.)

Pour une once	ALLIAGE.	
	gros.	grains.
Or à 24 karats...............................	2	48
Ducat de Hanovre de 1712.................	2	46
Double ducat de Danemarck..............	2	40
Ducat de 1756, de Hollande..............	2	36
Idem. de 1801, *Idem*..............	2	34
Ducat de Frédéric Guillaume de Prusse·.....	2	32
Ducat de Hambourg, de 1740..............	2	32
Guinée de Georges Iᵉʳ.....⎫		
Idem d'Anne d'Angleterre.⎪		
Idem de Georges III......⎬ Angleterre....	1	56
Demi-guinée............⎭		
Quadruple du Pérou, du Mexique, et d'Espagne...............................	1	48
Double Frédéric et simple, de Prusse........	1	46
Louis de 1785, aux armes..⎫	1	44
Idem neuf, de 20 francs...⎪ France......	1	43
Idem vieux de Louis XVI.⎬	1	43
Idem de 1726, à lunettes..⎭	1	40
Ducat courant, de Danemarck............	1	28

ALIMENTS (*leur influence sur les organes dentaires*). Les aliments sont *solides* ou *liquides*; la viande et les végétaux forment les deux grandes catégories. Les viandes sont très propres à entretenir les organes dentaires dans un état de propreté, qui contribue beaucoup à leur conservation : il en est de même de la plupart des légumes, excepté les farineux, qui engendrent le tartre et la carie, surtout les châtaignes. Les poissons et les viandes salées sont très nuisibles à la bouche. Dans tous les cas, il faut avoir la précaution de ne prendre les aliments ni trop chauds ni trop froids.

ALTÉRATION (*de l'émail*). L'émail, qui constitue, à lui seul, la beauté du système dentaire, est sujet à mille accidents qui l'altèrent et le désorganisent. L'usage des acides ramollit l'émail et le dissous ; le tartre, en s'introduisant entre la gencive et le collet, parvient aussi à détruire l'émail ; le contact des aiguilles, des épingles, et généralement de tous les métaux, lui est très contraire. La perte de l'émail n'entraîne pas toujours la carie ; mais, dans le plus grand nombre de cas, surtout dans la jeunesse, elle influe beaucoup sur l'harmonie buccale.

ALVÉOLES. Dans l'axe de la dent, se trouve un vide qui se continue avec un canal très étroit dont la racine est percée, ou avec plusieurs canaux, quand il y a plusieurs racines. Cette cavité, et les canaux qui y aboutissent, sont remplis, dans l'état frais, d'une substance gélatineuse contenue dans une tunique très mince et pénètrent par les vaisseaux et les nerfs qui passent de l'alvéole dans la dent au travers des petits canaux de racines. Quoique cette partie molle remplisse toute la cavité, elle ne se lie point organiquement à l'ivoire et à ses vaisseaux, ni ses nerfs ne traversent point sa tunique pour entrer dans la partie dure de la dent ; en un mot, le *noyau pulpeux* est logé dans la dent sans y adhérer, mais il tient au fond de l'alvéole par ses vaisseaux et ses nerfs. Dans le fœtus avant l'existence d'aucune dent, on aperçoit déjà, dans les mâchoires, des cavités qui seront un jour alvéoles.

ALVÉOLAIRES. Qui est relatif aux alvéoles.

Les *arcades alvéolaires*, ou dentaires, sont les courbes formées à l'une et à l'autre mâchoire par la suite des alvéoles.

Artère alvéolaire. Elle naît de la maxillaire interne, pénètre dans l'os maxillaire supérieur, et donne des rameaux

aux dents molaires supérieures, au périoste et à la membrane du sinus maxillaire, aux gencives.

Veine alvéolaire. Sa disposition est absolument la même.

Nerfs alvéolaires ou dentaires postérieurs. Ils sont fournis par le maxillaire supérieur avant son entrée dans le canal sous-orbitaire ; ils se distribuent aux quatre molaires supérieures.

ALVÉOLO-LABIAL. Qui tient aux alvéoles et aux lèvres ; c'est le nom que porte le muscle *buccinateur* dans la nomenclature du professeur Chausssier (voir Buccinateur).

ALUN (*dentifrice*). On ne doit en faire usage qu'après l'avoir mêlé avec une autre substance, qui en absorbe la grande acidité.

AMER (*amarus*). Substances d'une saveur déplaisante ; il y a plusieurs sortes d'amertumes, et chacune a ses propriétés particulières : plusieurs sont employées par les dentistes comme astringentes et surtout comme antiscorbutiques.

AMBOUTIR, ou rendre une pièce de métal convexe d'un côté, et concave de l'autre.

AMYGDALES. Corps glanduleux situé dans l'écartement des piliers du voile du palais : le travail des deux dentitions, les odontalgies déterminent souvent, dans les amygdales, des affections dont le traitement est du ressort de la médecine.

ANATOMIE (en grec *anatomèin, couper à travers*), parce que cette science ne peut guère s'acquérir que par la dissection : les dentistes ne doivent s'occuper que de l'anatomie de la bouche.

ANTILEPTIQUE. On nomme ainsi les remèdes qui empêchent la dissolution putride du corps. Dans le scorbut et autres affections des gencives; on emploie, avec succès, comme antileptiques : les *acides*, les *toniques*, les *astringents*, les *amers*, les *aromatiques*, les *spiritueux* ou alcooliques, les *acidules*, etc.

ANTRE. Quelques auteurs donnent ce nom au *sinus maxillaire* (Voir ce mot).

ANTISCORBUTIQUE. On donne ce nom aux moyens médicaux propres à combattre le scorbut ; les principaux antiscorbutiques désignés par les médecins, sont :

1° Les substances remplies de principes âcres, volatils, qui ont la propriété de stimuler les tissus, d'accéler les mouvements organiques ; telles sont la racine de raifort sauvage, les feuilles de cochléaria, de cresson de fontaine, les semences de moutarde, etc.

2° Les substances amères comme le quinquina, le houblon, qui agissent sur le tissu des organes, et déterminent en eux un resserrement frébillaire qui les rend plus forts.

3° Les boissons fortement stimulantes, comme le punch, le vin, l'alcool distillé de cochléaria, le vin antiscorbutique.

4° Les acidules végétaux comme l'oseille, le citron, les groseilles, l'orange, les pommes et même les acides sulfuriques et muriatiques à petites doses (Voir Scorbut).

ANTRE MAXILLAIRE (*ses maladies*). L'antre maxillaire, dit le célèbre et savant Fox, est un sinus ou cavité dans l'os maxillaire ; il est placé au-dessus des molaires et au-dessous de la voûte du palais ; il est recouvert par une membrane, et communique avec les fosses nasales par une petite ouverture pratiquée dans la partie de son côté membraneux, qui se trouve entre les os tords supérieurs et inférieurs. Cette partie de la bouche est sujette à des inflammations qui se communiquent promptement à la membrane qui la recouvre, et y cause la suppuration. L'ouverture naturelle de la cavité est communément obstruée : le pus est donc obligé de s'ouvrir un passage en ulcérant un de ses côtés, et particulièrement celui qui est situé sur la joue. Le traitement à suivre est celui qui est en usage pour tous les abcès ; il faut ouvrir une issue à la matière, et, le meilleur moyen d'y parvenir, est de faire une ouverture à travers l'alvéole, jusqu'à l'antre maxillaire, qui est quelquefois sujet à des maladies très effrayantes : celle qui se présente le plus souvent est la formation d'un polype ou d'une humeur fongeuse dans la cavité. Les cloisons alvéolaires, et même une partie des racines des dents, sont absorbées. Lorsque les restes de celles-ci sont devenus vacillants, ils causent de l'irritation aux gencives, et il faut les extraire, sans quoi la maladie finit d'une manière fatale : l'antre maxillaire est quelquefois attaqué par des maladies cancéreuses ; mais les cas en sont heureusement très rares.

ANKYLOSE. Maladie des articulations qui se gonflent contre nature et perdent la faculté de se mouvoir. Il y a souvent ankylose dans les articulations buccales, surtout dans les cas de fluxions de tumeurs.

ANKYLOGLOSSE (langue retirée). Mot employé pour désigner soit l'adhérence congéniale de la face postérieure des gencives, soit la longueur excessive de son ligament extérieur. Ce premier vice qui nuit à la lactation est fort rare et se détruit avec des ciseaux ou le bistouri. Dans le second cas, on coupe le filet de la langue, après s'être assuré que l'enfant la remue difficilement pour têter.

ANKYLOMÉRISME (*ankylos-mero*). Adhérence des parties qui doivent être naturellement séparées. Souvent il y a ankylomérisme des lèvres et des gencives.

APHTHES. Le plus ordinairement, chez les adultes, les aphthes se présentent sous forme de petits tubercules blanchâtres, arrondis, superficiels, disséminés en pustules dentaires sur les parois de la bouche, ou réunis de manière à former une croûte assez épaisse : ils sont quelquefois si nombreux qu'ils gênent la respiration, la mastication et la déglutition. L'apparition des aphthes, chez les enfants, est surtout grave ; elle dérange l'économie animale : les progrès de l'affection sont effrayants, et pourtant la mort s'ensuit rarement. Les médecins et les chirurgiens-dentistes désignent comme cause des aphthes : 1° Les boissons et préparations mercurielles ; 2° la malpropreté de la bouche ; 3° les aspérités occasionées par les dents cariées ; 4° la mastication d'aliments trop durs ; 5° l'humidité de la température. Les remèdes contre les aphthes varient selon les individus : pour les enfants, le lait est un excellent curatif. Les adultes sont soulagés par les boissons émollientes, les gargarismes légèrement acidulés. Si les aphthes se développent trop, on fait prendre une légère décoction de quinquina.

APPAREIL (*apparatus*). Assemble de pièces préparées ou disposées pour une opération quelconque. On dit : *appareil dentaire,* pour désigner l'assemblage de toutes les choses nécessaires, soit à une extraction, soit au plombage, soit à la cautérisation.

APPLIQUER (l'émail sur une pièce *artificielle*). Pour faire cette application, l'on se sert ordinairement d'une tige en fer ou en cuivre, terminée en pointe à un bout et applatie vers l'autre. Avec cet instrument, on prend des parcelles d'émail dans un godet : on les étend sur la partie qu'on veut émailler, en ayant soin d'en absorber l'humidité avec un linge fin. On *glace* l'émail par petites couches, pour qu'il ne se gerce pas et n'éclate pas ; ce qui aurait lieu infailliblement si l'on voulait donner à la pièce une autre forme, parce que l'émail, une fois glacé, n'a plus aucune flexibilité. Lorsque cet accident a lieu, le seul moyen d'y remédier est d'exposer de nouveau la pièce au feu.

ARCHET. Tige flexible, en acier ou en balcine, à laquelle on adapte une corde à boyau destinée à entourer le cuivreau de la poulie du porte-foret pour le faire mouvoir.

AREC (*oreca cuthecu*). (Lin.) La noix ou fruit de l'Arec présente à peu près la forme et la grosseur d'un œuf de poule : une écorce lisse et mince, d'abord d'un vert pâle, puis jaune, recouvre une chair succulente, blanche et fibreuse, au centre de laquelle est un noyau aplati à sa base, veiné comme la muscade. Les habitants des îles Philippines se servent de cette écorce et en frottent continuellement leurs dents. Les morceaux d'écorce destinés à cet usage sont ordinairement de petite dimension ; les gens riches les entourent de soie, de paillettes d'or. Le frottement continuel avec l'arec déchausse les dents et les jaunit en peu d'années.

ARGENT. Les dentistes qui tiennent encore à l'ancienne prothèse, n'emploient que l'argent fin pour l'allier à la soudure d'or ; on doit d'ailleurs éviter de se servir de ce métal autant que possible, parce qu'il s'altère par la salive, et que le cuivre auquel on est obligé de l'allier pour lui donner de la ténacité, contribue en outre à le rendre très oxydable.

ARRANGEMENT (*des dents.*) Cet arrangement, dit M. Marjolin, présente souvent de nombreuses irrégularités. Les unes dépendent seulement de la direction vicieuse des dents ; les autres sont l'effet d'un rapport contre nature des arcades dentaires.

ARRIÈRE-BOUCHE (*os posterum*). Voir pharinx.

ARRIÈRES-NARINES (*postumæ nares*). Ouvertures postérieures des fosses nasales (Voir *Nasales, cavités*).

ARTÈRE. On donne ce nom aux vaisseaux destinés à porter le sang du cœur dans tous les organes. L'organisation buccale a aussi ses artères.

ARTICULATION. Nom donné par les anatomistes à la jonction d'un plus ou moins grand nombre d'os qui se correspondent et se touchent dans leur étendue ; les mâchoires constituent l'articulation buccale.

ARTÈRES (*du voile du palais*). Ces artères sont fournies par la labiale, la palatine et la pharyngienne supérieure. On en compte cinq : 1° le *glosso-staphisien* ; 2° le *palato-pharingien* ; 3° le *salpingo-pharingien* ; 4° les *péristaphy-lins* ; 5° l'*azygosuvulæ*.

ARTÈRES (*des lèvres*). Ces artères viennent de la carotide externe, et spécialement des branches labiales, submentales, mentonnières, buccales, sous-orbitaires, alvéolaires et transversales de la face.

ARTIFICIEL. Qui est le produit de l'art. On fait des yeux, des bras, des mains, des dents, des palais artificiels (*voir dents et palais artificiels*).

ARTIFICIELLES (*dents*). On désigne sous ce nom les dents destinées à remplacer celles qu'un individu a perdues par une cause quelconque. Les Grecs et les Romains connurent les ressources de la prothèse et y eurent recours : Juvénal s'écrie : « Que l'os et l'ivoire remédient au désor-
« dre de la bouche d'Églé ; que la courtisane Galla, plus
« coquette et plus adroite, ôte pendant la nuit ses dents ar-
« tificielles. » — Au temps d'Hyppocrate les dentistes d'A-
thènes se servaient de fils d'or pour assujettir les dents.

2

Celse dit que c'était le seul moyen employé à Rome et en Occident. Les dents artificielles doivent, autant que possible, ressembler, quant à la forme et à la couleur, aux dents qui les avoisinent, il faut qu'elles aient une grande solidité pour ne pas nuire aux autres parties de la mâchoire ; elles réclament une plus grande propreté que les dents naturelles, et il convient de les nettoyer plus souvent. On s'est servi successivement pour la fabrication des pièces artificielles de toutes les substances qu'on a jugées les plus propres à imiter la nature.

ASSA-FOETIDA. Substance gommo-résineuse, rousseâtre, très friable, répandant une odeur désagréable, d'une saveur âcre et piquante. Quelques dentistes s'en servent pour calmer les névralgies buccales.

ASTRINGENTS (du verbe *astringere*, resserrer). On applique généralement ce nom aux médicaments qui ont la propriété d'arrêter les évacuations morbifiques, sanguines ou humorales. L'art dentaire tire un très grand parti des astringents.

ATAXIQUE (*fièvre*). Dont les accès reviennent à des époques indéterminées : les enfants y sont sujets pendant la première et la deuxième dentitions.

ATHÉROME (*atheroma*). Tumeur ankystée, contenant une matière épaisse, semblable à de la bouillie : ces tumeurs se forment ordinairement dans des glandes engorgées, à l'époque des deux dentitions, et à la suite d'odontalgies violentes.

ATROPHIE (ou érosion des dents). C'est une maladie particulière à l'émail des dents, et qui, dans son développement, présente plusieurs variétés. Chez certains sujets, lignes saillantes, odulantes et transverses sur la couronne des dents ; chez d'autres, rainures rugueuses et enfoncements pointillés ; dans quelques cas, disparition totale de l'émail, amincissement de l'organe dentaire, irrégularité de grosseur entre les dents pareilles. L'atrophie est ordinairement un vice héréditaire. L'hygiène dentaire a trouvé jusqu'à ce jour, peu de préservatifs.

B

BAILLEMENT. Qui consiste dans une grande inspiration, qui se fait lentement et ordinairement avec écartement considérable des mâchoires. Les enfants qui font leurs dents, toutes les femmes atteintes d'odontalgies nerveuses sont sujettes à des baillements convulsifs.

BAINS. Les bains froids sont interdits aux enfants qui font leurs premières dents : il en est de même des bains chauds. On doit préférer les bains tièdes, dont la chaleur douce et tempérée dilate les pores, facilite la transpiration, et donne à la fibre une grande souplesse qui facilite la dentition. Pour baigner les enfants, il faut choisir le moment où la peau est chaude, le ventre resserré ; où la bouche, échauffée, laisse échapper des exhalaisons brûlantes.

BAINS (*Leur influence sur les organes de la bouche*). Les bains *chauds* rendent la tête lourde, surexcitent les nerfs dentaires, entraînent de cruelles odontalgies ; les bains frais ou *tempérés* sont très favorables aux dents ; les bains *froids* sont trop excitants, surtout pour les personnes nerveuses. Les bains de mer ont toujours de bons résultats dans les affections buccales. Les lotions, les ablutions à la tête, calment quelquefois les odontalgies ; il faut néanmoins y recourir avec beaucoup de prudence.

BALANCES. On trouve dans l'atelier d'un bon dentiste trois espèces de balances : il en faut d'abord de très petites, non-seulement pour peser à un milligramme près les différents oxides qui entrent dans la composition des dents artificielles, mais encore pour avoir le poids exact des parties d'or, d'argent ou de cuivre qu'on veut employer dans la préparation des différentes soudures d'or ; il faut aussi en avoir de moyennes pour peser des quantités plus considérables, et enfin de grandes pour peser par kilos.

BALAYURES ou limailles des divers métaux qu'on emploie encore pour les vieux procédés de prothèse, et qui sont reçues dans un tablier en peau, placé au-dessous de l'établi. Malgré cette précaution, plusieurs molécules métalliques sautent dans l'atelier, qu'il faut balayer au moins tous les quatre jours, pour recueillir les débris épars, que l'on réunit dans un tonneau pour être brûlés, lorsqu'il y en a une assez grande quantité. On se sert, pour les réduire en cendres d'un fourneau cylindrique, divisé en quatre parties égales, ayant trois foyers avec une grille un peu serrée, où pénètre l'air au moyen de petits trous. On place les balayures sur le premier fourneau, d'où elles s'échappent, traversent les deux autres, et tombent enfin dans le cendrier, décomposées par le charbon incandescent.

BALEINE ET MORSE (*dents de*). Ces dents sont assez fortes, mais elles diffèrent de celles de l'hippopotame par la forme et l'utilité qu'on peut en retirer. On se sert des dents de morse et de baleine pour faire des bases de dentiers ; ces dents se trouvent souvent mélangées avec celles de cheval marin, et les dentistes doivent prendre certaines précautions pour ne pas s'y méprendre.

BALSAMIQUE (de *balsamum baume*). On donne l'épithète de *balsamique* aux médicaments qui exhalent une odeur douce, fade, mais pourtant suave : on se sert beaucoup de balsamiques pour les dentifrices.

BANC A TIRER. Sorte d'établi servant à passer à la filière les fils de métal ou de laiton dont on veut diminuer la grosseur.

BANDELETTE. Nom donné à des bandes de toiles qui ont moins de largeur les unes que les autres. On s'en sert dans les pansements des parties peu volumineuses : quelques opérations dentaires en réclament l'emploi.

BAUME DE LE LEVIÈRE. Ce baume, qu'on appelle aussi élixir de spina, est un bon stomachique, un excellent vermifuge : il fait transpirer et soulage les enfants pendant la première dentition.

INGRÉDIENTS.

Agaric	7 gram.	81 centigram.		
Racine de zedoaire	7	»	81	»
Myrrhe	7	»	81	»
Aloes succotin	31	»	25	»
Thériaque	31	»	25	»
Rhubarbe	23	»	44	»
Racine de gentiane	15	»	63	»
Safran	7	»	81	»
Sucre	125	»		
Eau-de-vie	1 kilo.			

BAUME SAXON. On s'en sert pour frotter les membres des enfants, et surtout des tempes ; il tonifie et rend moins cruelles les douleurs de la première dentition. Pendant cette époque critique, ils digèrent difficilement ; on leur fait prendre alors quelques gouttes de baume saxon sur un morceau de sucre.

PROPORTIONS DES INGRÉDIENTS.

Huile distillée de lavande	6 gram.	98 centigram.	
Huile de ricin	6	»	98	»

Huile d'origan.	3	gram.	91	centigram.
Huile de marjolaine.	3	»	91	»
Huile de sauge.	3	»	91	»
Huile de romarin.	3	»	91	»
Huile de macis..	2	»	50	»
Huile de menthe.	2	»	30	»
Huile de rhue.	2	»	50	»
Concrète de muscade.	125	»	91	»

On mélange le tout à froid.

BAUME D'ACIER. Signifie en langage vulgaire évulsion d'une dent. Ainsi, pour dire qu'on ne peut guérir qu'en arrachant une dent douloureuse, on emploie les termes : Il faut recourir au baume d'acier.

BARYTE (*chromate de*). On verse, pour l'obtenir, du chromate de potasse dans l'hydrochlorate de baryte.

BATONS DE CORAIL. Dans le siècle dernier, on fabriquait, avec des poudres callaires colorées en rouge, et rendues solubles par une quantité suffisante de gomme arabique, des bâtons de la grosseur d'un tuyau de plume de canard. Ces bâtons, dit de *corail*, servaient pour nettoyer les dents; mais ils conservaient un certain degré de rugosité qui les rendaient nuisibles à la bouche; il était impossible de nettoyer les dents sans une forte pression qui altérait l'émail et les gencives. On y a renoncé depuis l'invention des brosses à crins.

BÉTEL (*dentifrice des Indiens*). Arbrisseau dont les feuilles servent de dentifrice aux Indiens, aux habitants des Molluques, aux Chinois. Ils étendent de la chaux éteinte sur un feuille de bétel, et ils en forment de petites boules qu'ils tiennent sans cesse dans la bouche; on mâche du bétel à chaque heure du jour. Cette préparation ne corrode pas les dents, mais elle y dépose une espèce de tartre qui leur donne une couleur d'un rouge noir foncé.

BIFURCATION. Division d'un tronc en deux branches, ou d'une branche en deux rameaux : les cas de bifurcations dentaires sont extrêmement rares.

BICORNE, petite enclume que l'on fixe à la droite de l'établi : on s'en sert pour façonner le platine et l'or.

BISCUITS PURGATIFS. On les donne aux enfants de cinq à six ans pour les purger, et prévenir ainsi la fièvre qui accompagne l'éruption des dents permanentes : un seul biscuit suffit ; mais on peut, sans danger, en donner deux aux adolescents.

INGRÉDIENTS.

Jalap.	85 gram. 94 centigram.
Sucre.	500 »
Farine	62 . » 50 . »
Œufs	n° 24.

On fait avec, soixante biscuits.

BISCUITS VERMIFUGES DE M. CADET GASSICOURT. Ces biscuits sont un excellent vermifurge ; ils produisent aussi de très heureux résultats dans les maladies des enfants pendant la première dentition : on leur en donne le soir et un le matin.

INGRÉDIENTS.

Sucre en poudre.	250 gram.
Farine.	62 » 50 centigram.
Semen contra en poudre. . . .	3 « 91 »
Œufs.	n° 6.
Essence de citron.	15 gouttes.

Ces ingrédients suffisent pour la fabrication de vingt-qautre biscuits vermifuges.

BISMUTH (*oxyde de*). On obtient cet oxide, qui est jaune, fusible et très vitrifiable, en faisant chauffer le bismuth à l'air.

BISTOURI, instrument tranchant dont on se sert en chirurgie; les dentistes emploient rarement ce petit couteau pour les opérations buccales.

BLANC D'ESPAGNE (*craie, chaux carbonatée*). On en fait une pâte avec de l'eau, et on en applique successivement plusieurs couches sur les dents incorruptibles que l'on veut souder à des plaques métalliques. On fait ensuite sécher cette pâte à la lampe à l'esprit de vin. Lorsque les fils de fer ou les crampons sont recouverts de craie, ils n'enlèvent pas une portion de l'émail des dents, et ils ne se soudent pas aux plaques quand on les passe au feu. On peut même borner l'étendue de la fusion de la soudure en n'en recouvrant que légèrement celles sur lesquelles on ne voudra pas que la soudure s'étale. L'opération terminée, on enlève cette pâte, et on lave ou décroche la pièce. On se sert encore du *blanc d'Espagne* pour donner le poli et le brillant, soit aux pièces métalliques, soit à celles qui sont osseuses (ancienne prosthèse).

BOISSONS (*leur influence sur les organes dentaires*). Le *thé* surexcite les nerfs, et prédispose les personnes nerveuses qui en font un trop grand usage aux odontalgies, à la carie; le *café* est aussi un irritant qui réagit défavorablement sur la bouche; les *vins* rouges et blancs sont propices aux organes dentaires et les tonifient; l'*eau-de-vie* échauffe la bouche, cause des aphtes et altère l'émail; les *ratafias*, le *punch*, le *vin chaud*, le *bischoff* sont plus favorables que nuisibles aux dents.

BOITES A COMPARTIMENTS. Ces sortes de boîtes sont nécessaires aux dentistes, non-seulement pour classer par ordre les dents naturelles qui servent à la confection des pièces artificielles, mais encore pour ranger les dents incorruptibles d'après leurs formes et leurs nuances ; il faut en avoir plusieurs pour placer les différents outils ou instruments dont on est obligé d'avoir un grand nombre et de la même espèce. Il est bon, en outre, toutes les fois que l'on s'occupe de la confection des pièces artificielles, que quelques-unes des boîtes à compartiments soient recouvertes d'un verre, pour placer dans leurs cases les divers objets destinés à la confection de chacune des pièces.

BOUCHE. Cavité presque ovale, comprise entre les deux mâchoires, limitée latéralement par les joues ; en avant par les lèvres, en arrière par le voile du palais, en haut par la voûte palatine, en bas par la langue et la membrane buccale.

BOURDONNETS. Petit paquet de charpie, de forme ovale, plus large qu'épais, dont on se sert pour remplir une plaie, absorber le pus qui en découle, et empêcher le recollement des bords. L'art dentaire se sert de bourdonnets dans plusieurs cas.

BOUFFISSURE, Gonflement partiel occasioné par un amas de sang ou de sérosité dans les cellules du tissu graisseux. Les odontalgies occasionent très souvent des bouffissures aux lèvres et aux joues.

BORAX (*sous-borate de soude*). Les dentistes, qui suivent les procédés de l'ancienne prothèse, emploient fréquemment le *borax* pour faciliter la fusion de la soudure. On frotte un morceau de borax avec un peu d'eau sur un petit plateau dépoli, et on ne met cette dissolution que sur l'endroit où l'on désire que la soudure s'étende, parce que si l'on mouillait les dents, on en enlèverait tout le brillant, quand bien même les dents seraient recouvertes de *blanc d'Espagne* (ancienne prothèse).

BOURRACHE (pentandr. monogyn., *Linnée*), famille des boraginées (*Jussieu*). Cette plante a une légère odeur vireuse, une saveur herbacée; elle fournit un suc visqueux, mêlé d'une assez grande quantité de nitrate de potasse et de nitrate de chaux. Les dentistes se servent beaucoup d'infusions de bourrache pour les gargarismes, dans les cas l'inflammations gencivales, odontalgies nerveuses et sanguines.

BOUTS D'ACIER FONDU. Le dentiste a besoin d'avoir un grand assortiment de bouts d'acier de différents diamètres, et leur longueur doit être indéterminée, afin de pouvoir en faire au besoin des *mandrins,* des *forets,* des *équarrissoirs,* des *goupilles.*

BRAISE DE BOULANGER. Menu charbon de bois blanc prenant feu promptement, et qui ne pétille pas lorsqu'on souffle pour l'allumer : ce qui est très essentiel pour souder.

BROIEMENT (*de la pulpe dentaire*). On se sert d'une sonde en acier courbé, fort pointue à son extrémité, avec laquelle on commence par nettoyer la cavité creusée par la carie, en raclant avec soin ses parois, puis on cherche à introduire la pointe dans les canaux des racines de la dent, et là on tourne l'instrument en divers sens, de manière à broyer le nerf complètement. — Si cette sonde est trop volumineuse, on se sert d'une aiguille fine de fer, d'acier ou de tout autre métal, assez mince pour pénétrer aussi loin qu'il est nécessaire; si la cavité ne peut encore l'admettre, on a recours à une forte soie de porc, avec laquelle on foule et refoule le nerf, jusqu'à ce qu'on ne fasse plus de mal. Ce broiement est fort douloureux et réussit rarement.

On préfère la cautérisation (*Manuel de médecine opératoire*, p. 106).

BROSSES. Parmi tous les intruments dont on se sert
pour nettoyer la bouche, les brosses occupent le premier
rang : en effet, leurs crins sont autant de petits cure-dents
qui enlèvent parfaitement les substances étrangères, et empêchent le limon de se fixer sur les dents. Le praticien doit
étudier la nature des dents, des gencives, l'âge des individus pour varier la forme des brosses selon la force et
l'âge.

Brosses des enfants. On se se sert de brosses très douces
et légèrement garnies. Si les crins étaient trop forts et trop
épais, ils détérioreraient l'émail et surtout les gencives qui
n'ont pas encore pris toute leur consistance.

Brosses des adultes. On fabrique pour les adultes des
brosses unies, plus fortes, à trois et même à quatre rangs,
parce que l'émail s'étant consolidé, on n'a plus besoin de
prendre tant de précautions.

Brosses pour les personnes qui ont les gencives molles.
Elles doivent être très douces et légèrement garnies de
crins.

*Brosses pour les personnes dont les dents sont très lon-
gues.* Il faut qu'elles aient quatre ou cinq rangs de crins :
ces mêmes brosses conviennent aux gens dont les mâchoires sont largement développées.

Brosses anglaises. Pendant longtemps elles ont joui d'une
grande faveur en France ; elles étaient mieux fabriquées,
et les matières premières étaient d'une qualité supérieure.
Mais depuis quelques années Paris ne le cède en rien à
Londres.

Manière de se servir des brosses. Il faut se servir des
brosses en frottant par un mouvement de rotation de haut

en bas ; de cette manière, le poids de la main ne porte pas
sur les gencives qui demeurent intactes, et les dents sont
parfaitement nettoyées. Le limon s'enlève p'us facilement de
cette manière, au collet et dans les interstices des dents,
que par le frottement de droite à gauche et de gauche à
droite.

BROSSES-RACINES. Dans le siècle dernier, on fabriquait des brosses en racines de luzerne, de réglisse et autres plantes fibreuses qu'on faisait bouillir et qu'on battait
avec un marteau pour en adoucir les filaments qui étaient
ensuite colorés avec de la cochenille : après cette préparation, on parfumait les pinceaux. Les *brosses-racines* ont
cédé à l'usage des brosses en crin.

BROSSE-ROGERS. Cette brosse n'a de crins forts qu'au
milieu : les bords sont garnis de crins très doux, de sorte
que l'on peut hardiment nettoyer les dents sans craindre de
nuire aux gencives qui sont presque toujours endommagées
par les brosses ordinaires. — Lorsque l'enfant est adulte,
on peut, à défaut de *poudre-Rogers,* charger légèrement la
brosse d'une poudre que tout le monde peut faire, et qui
consiste en un peu de sel fin mêlé avec du charbon de bois
blanc, pilé et tamisé impalpable. La vertu de ce dentifrice
n'est pas très efficace, mais au moins elle n'est pas nuisible.

BRULURE. On donne ce nom au résultat de l'action plus
ou moins prolongée d'une certaine quantité de calorique
sur une partie quelconque du corps. Les dentistes anciens
ont souvent employé la brûlure comme moyen de cautérisation.

BRUNISSOIR. Tige en acier fondu, trempée très sec et
parfaitement bien polie. Sa forme est très variée ; elle a tantôt
celle d'un cylindre droit et aplati, tantôt celle d'une dent

de loup. La pointe en est toujours arrondie. On se sert des brunissoirs pour donner le brillant aux pièces métalliques après qu'elles ont été polies.

BRUXELLES. Petites pinces d'acier à deux branches dont on se sert pour saisir divers objets que l'on ne pourrait ni prendre, ni placer aussi facilement avec les doigts.

BUCCAL (*buccalis*). Le mot *buccal*, dans sa rigoureuse acception, signifie la partie de la face qui est située immédiatement au-dessous des pommettes. Cependant *buccal* s'applique encore à la joue tout entière, et par une extension très grande à la bouche elle-même. Ainsi on dit : *Chirurgie buccale, cavité buccale, maladies buccales.*

BUCCINATEUR. C'est le nom d'un muscle qui entre spécialement en action lorsqu'on joue d'un instrument à vent : il est situé dans l'épaisseur de la paroi latérale de la bouche.

BUCCO-LABIAL. Qui appartient à la bouche et aux lèvres. — *Nerf bucco-labial.* — C'est un des rameaux qui forment le faisceau supérieur fourni par le nerf maxillaire, qui lui-même est une division du trifacial ou nerf de la cinquième paire.

BURIN. Tige carrée plus ou moins épaisse, en acier fondu, d'un usage très fréquent pour enlever de petites portions de métal ou de substances osseuses lorsque l'on fait des pièces artificielles.

C

CAL. Ce mot sert à exprimer le moyen par lequel la nature opère la réunion des fractures dans les os. On voit rarement et pour ainsi dire jamais, le cal se former sur la partie osseuse des dents qui est privée de suc ou matière coulante.

CAILLOT. On donne ce nom à une certaine quantité de sang qui, en se coagulant à l'orifice d'un vaisseau, y forme un véritable obturateur. Il est des affections dentaires qui engendrent des caillots dont il est important de délivrer au plutôt la bouche.

CALIBRE D'ÉPAISSEUR. Disque en acier, percé à sa circonférence de plusieurs rainures, ayant des ouvertures numérotées par grandeur et terminées vers le centre par des trous ronds. Ce calibre sert à mesurer la grosseur des fils d'or ou de platine, ainsi que l'épaisseur des plaques.

CALLOSITÉ. Épaississement qui survient dans la membrane épidermique aux endroits du corps qui sont exposés à des frottements réitérés. Certains cas d'otontalgie sont suivis de callosités aux gencives ou aux joues.

CALMANT. Nom donné aux remèdes qui ont la propriété de modérer l'activité trop grande des solides, qui tempèrent l'effervescence des humeurs, dissipent les accidents spasmodiques, rétablissent l'action naturelle du système nerveux. L'art dentaire se sert beaucoup de calmants.

CAMPHRE. Substance particulière qui constitue un 'les matériaux immédiats des végétaux. Une fois purifié, le camphre est une substance solide, transparente : promenée dans la bouche, elle augmente la sécrétion de la salive et du mucus buccal ; calme plusieurs sortes d'odontalgie.

CANAL. Ce mot signifie en général un vaisseau, un conduit. Le *canal dentaire* est situé dans l'épaisseur de l'os maxillaire inférieur.

CANELLE. Seconde écorce des branches du canellier, *laurus cinnamomum*, qui croît à Ceylan. On se sert beaucoup de canelle pour la composition de certains dentifrices.

CAPELINE (du mot *caput*). Sorte de bandage dont on se sert pour les plaies de la tête et les luxations des mâchoires. On y renoncera probablement à cause de la difficulté de son application et de son peu de solidité.

CAPSULES. Espèce de creuset fait en forme de bol, mais sans pied et ayant en général la même épaisseur dans toutes ses parties. Il y en a de différente matière : en bois, en terre, en grès, en faïence, en porcelaine, en cuivre et en platine, suivant l'usage qu'on veut en faire. On se sert particulièrement de ces capsules lorsque l'on fait l'émail tendre que l'on emploie pour figurer des gencives artificielles (Ancienne prothèse).

CARIE. C'est, dit le savant Hanton, une véritable gangrène ou mortification, semblable à celle qui a lieu aux parties molles. De toutes les maladies qui affectent les dents, il n'en est aucune aussi grave que la carie. Ses progrès sont quelquefois si rapides, qu'elle occasione la destruction totale de l'os avant que son influence morbide n'ait décomposé la portion émaillée. Elle se manifeste le plus souvent à l'extérieur. Les molaires y sont plus sujettes que les incisives et les canines. On en compte de plusieurs espèces.

CARIE, *curée* (*caries-curata*). Elle se manifeste par une dépression plus ou moins superficielle, ayant une tache jaunâtre et quelquefois brune. Cette espèce de carie est assez difficile à reconnaître dans son principe, parce qu'elle a son siège sur la surface triturante des dents. Néanmoins, dans le plus grand nombre de cas, la seule inspection des dents suffit pour faire remarquer celte lésion qui, selon M. Duval, est un travail au moyen duquel la nature a opéré la guérison d'une autre carie.

CARIE *perforante (caries-perforans)*. Plus fréquente que toutes les autres espèces, elle se montre indistinctement sur toutes les parties de la couronne des dents : on voit d'abord un tache plus ou moins foncée sur l'émail, elle dégénère ensuite en une petite cavité qui, avec le temps, varie en profondeur et en largeur, et dont les parois sont jaunâtres ou noires. Peu à peu la portion osseuse est détruite : l'émail, resté presque seul, se casse par fragments. Pour peu que cette carie ait fait de progrès, l'extraction devient indispensable.

CARIE *(diruptive-caries-dirumpens)*. Elle se manisfeste à la racine de la dent, près de la couronne avec ramollissement de la substance ostéo-dentaire, qui devient excessivement sensible aux moindres impressions. On voit primitivement une tache jaune, ensuite une cavité de même couleur, qui se dirige transversalement de manière à opérer ou à faciliter la séparation de la couronne et de la racine.

CARIE *écorchante (caries decorcitans)*. L'émail prend une teinte jaunâtre près de la gencive, devient très faible et se détache de la dent par petites parcelles. La substance osseuse d'abord jaune, ensuite brune, est molle et peut se couper par lames.

CARIE *(calcaire). (Caries calcatea.)* Ainsi appelée, parce qu'elle présente une légère dépression circulaire près de la gencive où l'on voit l'émail plus blanc que dans l'état de nature, inégal, friable, et paraissant jouir d'une excessive sensibilité.

CARIE *(carbonnée-caries-carbonnia)*. Elle s'annonce ordinairement par une tache noire à laquelle succède une cavité dont les parois formées par la substance osseuse, sont sèches, friables, sans odeur ni sensibilité. Elle fait des progrès rapides et s'arrête ordinairement à la racine de la dent. On y remédie soit par le plombage, soit en enlevant avec la lime toutes les parties malades.

CARIE (*stationnaire. Caries stationaria*). Les incisives y sont principalement sujettes : elle se manifeste par une tache jaunâtre avec déperdition de substance près du collet de la dent, et se propage ensuite plus profondément du côté de la racine. La substance ostéo-dentaire se ramollit, devient très sensible au froid et au chaud. Pour arrêter ses progrès, il faut limer toute la partie spongieuse de la dent ; son envahissement s'opère d'ailleurs très lentement.

CARIE (*remède contre la*). Aussitôt qu'une dent est atteinte de carie, il faut se hâter d'éloigner de la cavité l'air et les aliments, bien nettoyer la dent à l'intérieur, appliquer ensuite du coton jusqu'au fond de la cavité pour la sécher entièrement. Après cette première opération, il très facile de boucher hermétiquement le trou avec de la cire vierge, ou de la gomme-mastic dissoute dans de l'esprit de vin, ayant soin de les changer de temps en temps.

CASSIUS (*précipité pourpre de*) — Oxyde d'or mêlé à de l'oxyde d'étain. — On verse dans quatre parties en poids d'hydrochlorate d'or une partie d'une dissolution de protohydro-chlorate d'étain, (*protomuriate d'étain*) : il se forme un précipité qu'on laisse reposer, après quoi on décante le liquide surnageant ; on lave ensuite le précipité, et on le fait sécher à l'ombre : les professeurs d'ancienne prosthèse, s'en servent pour fabriquer les dents incorruptibles.

CATARRHE BUCCAL. Lorsque la tunique qui recouvre

les lèvres, les gencives, l'intérieur des joues, la langue, le palais, les amygdales, présente à la surface des tubercules communément blanchâtres, de figure ronde, quelquefois diaphanes superficiels, plus ou moins isolés ou rapprochés les uns des autres, ou agglomérés : on donne à cette maladie que l'on doit regarder comme un véritable catarrhe, le nom d'aphthes, et lorsqu'elle attaque les enfants à la mamelle, elle reçoit le nom de *muguet*.

CAUTÉRISATION. Opération par laquelle on détruit le nerf dentaire et on arrête les progrès de la carie. Les vieux praticiens se servent encore d'un fer rouge qu'ils introduisent dans la cavité de la dent, ou se contentent de détruire le nerf dentaire en le triturant avec une tige métallique. Cette opération très douloureuse, ne réussit presque jamais, aussi y a-t-on renoncé. *L'eau Rogers* cautérise sans douleur et rend le nerf dentaire insensible à jamais.

CAUSTIQUES. Corps qui, mis en contact avec une partie animale, altèrent son tissu, détruisent sa texture et la modifient. On les divise en deux classes : 1° caustiques actuels, tels que les charbons allumés, le fer et le cuivre rougis au feu, le moxa, la poudre à canon ; 2° caustiques potentiels ou cautères, tels que les acides de toute espèce, le sulfate, le nitrate. L'art dentaire se sert dans un grand nombre de cas des *caustiques potentiels*.

CAUTÉRISER. On cautérise les dents, soit pour mettre un terme à des douleurs, soit pour conserver les dents elles-mêmes. Dans le premier cas on détruit le nerf dentaire, dans le second ou veut détruire la carie qui ronge la partie cornue dépouillée de son émail. Le *feu* et les *caustiques* sont les deux plus puissants moyens de cautériser, adoptés par les dentistes. Le feu produit des résultats immédiats, parce que son action est très énergique; c'est un excellent moyen pour arrêter les hémorragies buccales, de réprimer la carie naissante. On emploie particulièrement le feu pour cautériser les incisives. Les plus habiles praticiens reconnaissent pourtant que cette application n'est pas sans dangers ; les personnes nerveuses ne pourraient la supporter : aussi les dentistes ont inventé pour elles les *caustiques ;* ils imbibent d'acides sulfurique et nitrique un morceau de coton qu'il introduisent dans la dent cariée. Les *caustiques* sont très dangereux, ils ramollissent la partie osseuse de la dent : le nitrate d'argent et la pierre à cautère doivent aussi être rejettés. La thérapeutique a des substances moins dangereuses, telles que l'extrait d'opium, l'éther, l'encens, la menthe, la canelle et autres essences qui engourdissent le nerf dentaire. *L'eau-Rogers,* étant surtout employée avec le plus grand succès , quelques gouttes suffisent pour opérer une cautérisation complète.

CENDRES. Aussitôt après l'incinération des limailles, on passe les cendres au travers d'un crible en fil de cuivre, pour séparer le charbon, les matières étrangères, les parcelles métalliques : on les lave ensuite à *l'eau simple,* puis à l'eau au *moyen du moulin,* appareil qui consiste en un tonneau ordinaire dont le fond, légèrement concave, porte un axe en bois que l'on fait mouvoir à l'aide d'une manivelle. *Le lavage au moulin par le mercure,* se fait par le même procédé. On a soin de bien dégraisser le mercure en le mettant en contact avec du vinaigre et le lavant ensuite avec de l'eau pure. *Le traitement des cendres par le mercure* consiste à isoler les métaux les plus précieux, tels que l'argent, l'or et le platine. Un dentiste prudent, avant de se servir des matières des cendres achetées à des laveurs, doit en faire *l'essai* pour s'assurer de la quantité de métaux précieux qu'elles contiennent. Cet *essai* se fait par la voie *humide* et par la voie *sèche,* procédés connus de tout le monde.

CERVICO - MASTOIDIEN. Muscle qui appartient aux vertèbres cervicales et l'apophise mastoïde : nom donné par M. Chaussier aux muscles *splenius de la tête.*

CHALUMEAU. Tuyau de tôle ou de cuivre ; la forme est ordinairement cylindrique, va en diminuant, et se termine par un angle arrondi. Il est des chalumeaux dont les orifices sont vissés à un petit bout d'ivoire percé d'un petit trou, ce qui dispense de mettre les lèvres sur la partie métallique. D'autres ont une petite boule qui se dévisse par le milieu et qui sert de réservoir pour recevoir la salive qui pourrait s'échapper pendant que l'on sonde. On se sert du chalumeau pour diriger sur une pièce à souder, la flamme d'une lampe à l'esprit de vin. Le diamètre d'un chalumeau est ordinanairement de 0,027 millimètres ; mais il est bon d'en avoir dont l'orifice soit plus étroit pour envoyer un jet de flamme très aigu, ce qui est nécessaire dans certains cas.

CHANCRE. Nom donné à des ulcères parce qu'ils sont quelquefois rongeants et douloureux comme le cancer ; nous ne devons nous occuper ici que des chancres de la bouche résultant de certaines affections dentaires. — Tous les organes de la bouche sont indistinctement le siège des chancres ; on les voit aux lèvres, aux joues, aux gencives, à la langue, à la membrane palatine, au voile du palais, aux amygdales, au pharynx et au larynx.

Les chancres des lèvres récents se guérissent facilement au moyen de topiques appropriés.

Les chancres des gencives sont assez rares ; c'est la partie de la bouche où l'on en voit le moins.

La langue est très sujette aux chancres qui sont occasionés par les inégalités de l'arcade dentaire, par les rugosités du tartre, par une dent cariée ou cassée. Le plus sûr moyen de guérir ces ulcères est de limer, de nettoyer ou d'arracher la dent inégale.

Les chancres du palais de la membrane palatine et du *voile* se guérissent plus difficilement; on y remédie pourtant au moyen d'*obturateurs* (*Voir ce mot*).

CHARBON (*dentifrice*). Le charbon bien porphyrisé est un anti-putride, et ce dentifrice a été longtemps populaire : il n'altère pas l'émail des dents ; mais comme il en reste toujours entre le collet et les gencives des parcelles qu'on ne peut enlever qu'à l'aide d'une brosse, plusieurs praticiens en ont condamné l'usage. Bretonnayau, médecin-poète, qui écrivait en 1583, signale le charbon de vigne comme un sûr moyen de conserver l'émail des dents.

On tient pour certain :

> Que qui avec charbon de la vigne pucelle,
> Dont encore vu n'a vu aucun fruit issu d'elle,
> Les cures (*les dents*) mariez au miel triomphant,
> Blanches obscurciront celles de l'éléphant

Depuis longtemps tout le monde reconnaît que le charbon, s'il n'est pas funeste, n'obtient jamais aucun résultat satisfaisant.

CHARNONS. Espèce d'anneaux soudés au-dessus et au-dessous d'une lame métallique dont l'ensemble compose une charnière.

CHARPIE. Fils de toile usée employés dans le pansement des plaies : la chirurgie dentaire se sert rarement de charpie dans ses opérations buccales : il est pourtant des cas où elle devient absolument nécessaire, surtout dans les hémorrhagies, dans les écoulements scorbutiques et certaines phlegmasies.

CHATOUILLEUX. Sensible aux chatouillements. Cette

prédisposition est l'indice de certains cas d'odontalgie.

CHAUSSURE. Portion d'habillement qui couvre les pieds. Les personnes qui veulent éviter un grand nombre d'affections dentaires doivent donner le plus grand soin à la chaussure, parce que l'humidité aux pieds est une des grandes causes d'odontalgie.

CHAUX (sous-bichlorure de). La préparation du sous-bichlorure de chaux est la même que celle du bichlorure de soude ; on substitue seulement une once de chaux éteinte par l'eau, et en poudre humide, à la solution de soude, et on procède à la saturation, comme pour celle du bichlorure de soude : pour s'en servir, on le fait dissoudre dans 12 onces d'eau (vieux style), on tire ensuite le liquide à clair, et on le conserve dans un flacon, à l'abri du contact de la lumière.

CHAUX. Terre subalcaline très abondante dans la nature. On se sert de la chaux pour rendre les alcalis caustiques ; mélangée avec une certaine quantité de sulfure de plomb, elle sert à composer une poudre pour teindre les cheveux : elle entre aussi dans la composition d'une pommade dépilatoire. Généralement les dentistes doivent proscrire la chaux comme ingrédient.

CHEVELURE. Elle joue un grand rôle dans l'organisation dentaire : son influence est si grande, que la perte des cheveux entraîne souvent celle des dents : l'hygiène buccale se borne à prescrire de ne porter la chevelure ni trop longue, ni trop courte : elle défend toutes les compositions pour teindre les cheveux parce qu'elles exercent sur la denture humaine une action délétaire (*Voir Cosmétiques*).

CHEVAUCHEMENT (*ossium superpositio*). Espèce de déplacement des os · ce mot s'applique aussi aux dents vacillantes qu'il faut arracher aussitôt que le chevauchement a lieu, parce qu'en changeant de place elles occasione-raient de vives douleurs.

CHEVILLE. Fil d'or ou d'argent qui passe dans l'ouverture des charnons dont une charnière est composée.

CHIRURGICALES (*maladies*). Toutes les affections dentaires font partie du domaine de la chirurgie : ainsi les maladies de la bouche sont classées avec raison parmi les maladies chirurgicales.

CHOC. Rencontre de deux corps qui sont mus tous deux avec violence, et dont un seul est en mouvement. Il n'est rien de plus funeste aux dents que les chocs qui en ébranlent la solidité : les vieillards surtout doivent se tenir en garde contre les accidents.

CHRONIQUE. Mot dont on se sert pour dire qu'une maladie dure depuis longtemps ; parmi les affections dentaires on appelle chroniques celles qui tourmentent les individus depuis longues années, et qui sont très difficiles à guérir radicalement.

CHUTE. Déplacement subit de tout le corps : il est des chutes qui occasionent la perte de plusieurs dents, surtout des incisives.

CIMENT-ROGERS. Longtemps témoin des violentes douleurs que cause le plombage ordinaire, M. Rogers a fait plusieurs expériences pour découvrir un nouveau procédé ; il a enfin réussi : il a inventé un ciment avec lequel il plombe les dents à *froid* sans pression, sans douleur aucune. Cette matière dure autant que la dent, et le procédé de M. Rogers est sans contredit supérieur à tous ceux qu'on a employés jusqu'à ce jour.

CIRE. Substance concrète, inflammable, produite par les abeilles, et que quelques naturalistes prétendent avoir trouvé toute formée à la surface de certains fruits. D'après les expériences du célèbre Lavoisier, la cire est composée de :

Carbonne.	51,42
Oxigène..	30,86
Hydrogène.	17,72
	10,000

Les professeurs de prothèse se servent beaucoup de cire pour leurs procédés artificiels.

CIRE JAUNE. Quelques dentistes la préfèrent à la cire vierge pour prendre l'empreinte des gencives. Quand on veut s'en servir on la ramollit, soit en la présentant devant un feu très doux, soit en la mettant dans l'eau un peu chaude, afin qu'elle en prenne la température. Dans ce dernier cas, on la pétrit dans un linge chaud pour en enlever l'humidité, et on lui donne ensuite la consistance que l'on désire, en ayant soin de maintenir toutes les parties au même degré de ramollissement.

CIRE A CACHETER. Elle est employée pour maintenir solidement en place des dents soudées à une plaque dont on veut échopper quelques parties, et pour river des pivots sur des pièces en dents osseuses.

CIRE A MODELER. Quelques vieux dentistes se servent encore de cette cire qui est loin de réunir les avantages de la cire vierge et de la cire jaune.

CIRE VIERGE. Plusieurs dentistes s'en servent de préférence à la cire jaune pour prendre les empreintes : d'autres l'emploient dans les vieux procédés d'odontotechnie, pour boucher les espaces qui se trouvent entre les dents et les plaques, pour combler les interstices dans les râteliers incorruptibles et les dentiers faits avec des dents animales.

CLAIES. Faux plancher dont se servent les vieux dentistes, et qu'ils mettent sous l'établi de leurs ateliers pour recueillir des limailles et morceaux de métal. Ils lèvent ordinairement ces claies tous les huit jours, pour recueillir les diverses matières qu'elles contiennent.

CLEF-DE-GARENGEOT. C'est le plus ingénieux des instruments pour extraire les dents : il se compose d'un manche assez long pour être solidement tenu par la main, d'une tige formant une angle presque droit. Le manche est mobile, et l'opérateur agit avec d'autant plus de sûreté que le levier qu'il emploie est puissant, et que la force de la clef se trouve par cela même augmentée. La tige, à courbure très prononcée, présente un grand avantage de faciliter l'extraction de dehors en dedans. La *clef Garengeot* sert surtout pour extraire la troisième grosse molaire, dont le bord alvéolaire n'offre pas assez de surface extérieurement pour que le penneton puisse y prendre son point d'appui. La *clef Garengeot* a été souvent modifiée et perfectionnée par plusieurs praticiens distingués.

CLIMATS (*leur influence sur les dents*). Les climats ou diverses parties du globe offrant tous les éléments nécessaires à l'existence de l'homme, exercent sur les organes dentaires une influence très grande, très étendue. Les climats *chauds* leur sont très favorables : dans les pays *froids* et *humides* on perd les dents de bonne heure. La chaleur et le froid à un très haut degré surexcitent les nerfs et causent des odontalgies.

COCHLÉARIA. Plante de la famille des crucifères ; on en compte 12 espèces en Europe. Le cochléaria commun est connu vulgairement sous le nom de cresson, et croît dans les lieux humides. On se sert du cochléaria comme masticatoire pour nettoyer les dents et fortifier les gencives ; on emploie son sucre exprimé et clarifié dans les engorgements lymphatiques et les affections scorbutiques. Il entre dans la composition de plusieurs élixirs odontalgiques ; on prépare avec ses feuilles un sirop, un esprit et un vin anti-scorbutique dont les marins font grand usage pendant leurs voyages au long cours, surtout dans les mers du Nord.

COLLIER DE CAMPHRE. Les colliers de camphre, la racine de pivoine, de valériane et autres substances dont l'odeur est forte, sont quelquefois employés pour faire pousser les dents sans douleur ; ces substance ne produisent ordinairement d'autre effet que de rassurer les mères et les nourrices ; mais dans aucun cas elles ne peuvent être très nuisibles, parfois même elles laissent échapper des effluves qui, absorbées par les pores, calment l'irritation des gencives.

COLLUTOIRE (*lotions*). Médicament préparé sous forme de liquide, destiné à laver la bouche dans certaines maladies de la langue, des gencives, ou des dents.

COMPAS D'ÉPAISSEUR. Ce compas a la forme d'une tenaille ; on s'en sert pour mesurer l'épaisseur des pièces artificielles.

COMPAS (*à pointes*). On s'en sert seulement pour mesurer les surfaces ; ses deux branches sont retenues à la tête par un resssort qui tend à les faire écarter : une vis de pression fixe à volonté l'ouverture des deux branches

COMPOSITION CHIMIQUE DES DENTS. Le tableau suivant parM. Papys, contient l'analyse des dents en général, considérées aux deux grandes époques de la vie.

DENTS DE LAIT.		DENTS des ADULTES.	RACINES des DENTS.	ÉMAIL des DENTS.
Phosphate de chaux.....	62	64	58	78
Carbonate de chaux.....	6	6	4	6
Cartilage.....	20	20	28	0
Eau et perte.	12	10	10	16

COMPRESSE. Pièce de linge destinée à envelopper une partie ou à maintenir les applications que l'on fait immédiatement sur les plaies, les ulcères. L'art dentaire fait usage de compresses, surtout dans les cas de fluxion.

CONCRÉTION. On donne ce nom à tout *amas* irrégulier de matière plus ou moins solide qui n'a point d'adhérence sensible avec les substances qui l'environnent de toutes parts. Les concrétions ont ordinairement une forme globuleuse . on connaît une multitude de cas de concrétions dentaires.

CONCRÉTIONS (*dentaires*). Voyez à TARTRE.

CONGÉNIAL. Nom donné aux maladies que les enfants apportent en venant au monde ; on dit de quelqu'un dont les dents se gâtent par un vice héréditaire:— Il a une odontalgie *congéniale*.

CONGESTION. Accumulation humorale qui se forme lentement dans quelque partie du corps ; il y a des congestions buccales qui sont très dangereuses si on n'en prévient pas le trop grand développement.

CONNEXION. Union que les parties du corps humain ont entre elles : la connexion des deux mâchoires est le rapport d'union et de position qui existe entre elles.

CONSOMPTION. Destruction lente d'une partie du corps (Voyez Consomption des racines des dents).

CONSTIPATION. Pendant la première dentition la constipation est très dangereuse : un lait jeune et séreux est le meilleure remède ; on donne avec avantage la marmelade Houchin. Si la constipation a pour cause l'inertie des intestins, on donne avec succès une combinaison de muriate de mercure doux et d'axyde d'antimoine hydro-sulfuré rouge. On a souvent évité la constipation en donnant à mordre à l'enfant des figues grasses.

CONSOMPTION (*des racines des dents*). Elle se manifeste chez les personnes bilieuses, de 40 à 50 ans ; elle est lente dans ses progrès, et ne produit de résultat qu'après 3 ou 4 ans ; elle n'est que la suite de la décomposition des substances qui environnent les dents. Ses principaux caractères sont : L'inflammation du périoste qui recouvre la racine de la dent, et la suppuration des téguments qui l'enveloppent. La racine devenant alors un corps étranger pour l'alvéole qui la chasse insensiblement, se consomme peu à peu et le nerf dentaire se dessèche. Cette affection attaque parfois toute l'arcade dentaire ; le plus sûr moyen de la

prévenir est d'arracher la dent qui en est la première atteinte.

CONTENTIFS. Bandages qu'on applique pour retenir les
pièces d'appareil et les médicaments sur les parties malades, ou maintenir dans la position qu'elles doivent conserver les parties qui ont été déplacées ou fracturées. On peut,
à la rigueur, donner le nom de contentifs aux ligatures
qu'on emploie pour maintenir ou raffermir les dents.

CONVULSION. Contraction et relâchement alternatifs,
violents et involontaires des muscles. Les enfants surtout,
quand ils font leurs dents de lait, sont exposés aux convulsions qui triomphent souvent de leurs forces vitales et
entraînent la mort (*Voir*).

CONVULSIONS. Lorsque poussent les dents de lait, on
remarque, chez quelques enfants des mouvements convulsifs. Les enfants qui proviennent de parents faibles ou
valétudinaires, y sont surtout sujet. On doit craindre
les convulsions, dit Hippocrate, lorsqu'il y a fièvre,
que la peau est sèche, le ventre non libre, qu'il y a insomnie, frayeur : lorsque les enfants crient, pleurent beaucoup, changent souvent de couleur. Les convulsions sont
sur le point d'éclater, dit Zimmermann, s'il survient un
grincement de dents et un tremblement de lèvres. On doit
alors surveiller le sommeil des enfants dont les yeux s'ouvrent convulsivement, dont les pieds et les mains se cris-
pent. Les bains ou demi-bains tièdes sont le meilleur remède ; on a aussi recours à l'application de quelques
sangsues, aux narcotiques, aux calmants anti-spasmo-
diques.

CORAIL (du verbe grec *choreo*, *j'orue* et *als mer*). Se
trouve au fond de la mer, attaché aux rochers, et ressemble à un arbrisseau sans feuilles : on le pêche surtout dans
le Levant : la chimie moderne l'a rangé parmi les absor-

bants, parce qu'on a trouvé qu'il ne diffère pas du carbonate calcaire minéral. On ne s'en sert plus que pour faire une poudre ou un opiat dentifrice qui blanchit momentanément les dents, mais en détériore l'émail, parce que cette poudre est toujours un peu corrosive.

CORDON DENTAIRE (*inflammation du*). Elle succède souvent à l'inflammation de la pulpe, surtout quand cette dernière s'est terminée par la suppuration. D'autres fois, elle a lieu après qu'on a plombé les dents profondément creusées par la carie ; cette inflammation est en quelque sorte le dernier terme de la destruction des dents. Elle s'annonce par une douleur sourde et pulsative. La gencive est rouge, tuméfiée, principalement vers la racine. Parfois la membrane pituitaire se couvre d'éruptions croûteuses. Si les molaires sont affectées, l'inflammation du cordon peut se continuer à la membrane du sinus maxillaire, et entraîner des suites très fâcheuses. — Les topiques émollients, les saignées locales, les sangsues sont le plus sûr remède contre l'inflammation du cordon : mais il faut y recourir à temps.

CORDONNET DE SOIE ÉCRUE. Avant d'employer la soie comme ligature, les dentistes la soumettent à certaines préparations. Le cordonnet de soie écrue offre une grande solidité, s'altère difficilement dans la bouche, mais il a, comme tous les autres modes de ligature, l'inconvénient de se gonfler plus ou moins, suivant le degré de torsion qu'on lui a imprimé : trop tordu, il remonte vers les gencives et use les dents qui lui servent de point d'appui.

CORRODANT. Substance qui ronge, qui corrode, altère, détériore.

CORROSIF. Épithète donnée à toute substance capable de corroder, de consumer, de détruire les parties avec les-

quelles on la met en contact. La poudre de corail et en général tous les dentifrices solides sont des corrosifs dont le
dentiste doit interdire l'usage.

CORNET. On a donné ce nom à un produit provenant
d'un essai d'or tenant argent.

COURONNE. On appelle couronne des dents la portion
de ces petits os qui semble en couronner le corps, et qui
fait saillie en dehors de la gencive.

CORSETS (*son influence sur les organes dentaires*). On
nomme corset, dit le docteur Fournier, un vêtement qui embrasse une grande partie de la poitrine des femmes, la totalité de la région abdominale, et se prolonge, selon l'occur-
rence, jusqu'à la région pubienne. Le corset ne doit point
exercer une compression susceptible de gêner l'action des
muscles ni celle des viscères de la poitrine et de l'abdomen.
Tout corset qui ne remplit point ces conditions est vicieux
et même nuisible. L'hygiène doit en prescrire sévèrement
l'usage. — L'hygiène dentaire proscrit aussi les corsets ba-
leinés qui ne sont qu'un reste de l'ancien costume germa-
nique. On a vu des femmes emprisonnées dans leur corset
afin de paraître moins puissantes, éprouver des spasmes,
des convulsions qui entraînent souvent de cruelles odontalgies. Un praticien prudent et habile doit toujours recom-
mander à ses clientes de ne pas mettre leurs corps à la tor-
ture pour satisfaire aux caprices de la mode.

COSMÉTIQUES (*leur influence dans les organes dentaires*).

Le mot cosmétique désigne toute préparation qui a pour
objet la conservation de la beauté. On attribue, dit le docteur Cadet Gassicour à Ovide, un poème intitulé : *De Medi-
camine facili*, dans lequel on trouve tous les moyens d'em-

bellir la peau, de conserver la fraîcheur du teint, de teindre les cheveux, de blanchir les dents ; il est douteux que
cet ouvrage soit l'auteur des *Métamorphoses*. On cite deux
autres traités fort anciens sur le *cosmétique*, l'un de Criton
d'Athènes, faisant suite à une espèce de *pharmacopée* qu'il
publia vers l'an 350 de Rome, et que Galien cite souvent
avec éloge ; l'autre est de Cléopâtre, qui, comme reine et
belle, ne pouvait pas, en écrivant sur la médecine, oublier
la pharmacie du boudoir. Héraclide de Tarente parle aussi
des cosmétiques dans ses ouvrages ; mais les auteurs qui
traitent le plus au long cette matière sont les pharmacolo-
gistes arabes, persans et indiens.

Comme rien ne flatte plus la vanité que l'art de conserver ou d'augmenter les agréments extérieurs, les charlatans se sont surtout appliqués à multiplier les cosmétiques.
On ferait un gros volume si on voulait réunir toutes les
recettes de fard, d'eaux composées, de pommades pour le
teint, pour les cheveux, pour les lèvres, de pâtes et d'é-
mulsions, de baumes, de poudres, d'opiat, d'élixirs que l'on
a publiées. La plupart sont sans effet ; quelques-unes sont
dangereuses.

Il est des altérations de la peau auxquelles on peut remédier, mais il en est que l'art ne peut réparer. On ne saurait, par exemple, effacer les rides de l'âge, et cependant
on a attribué cette propriété à plusieurs cosmétiques ; mais
lorsque la peau a seulement perdu sa souplesse et son
brillant par l'action simultanée de l'air et de la lumière, on
peut lui rendre son éclat par quelques lotions douces, par
quelques embrocations onctueuses. On emploie sans inconvénient les eaux distillées de roses, de plantin, de frai de
grenouilles, de fèves, de fraises, etc., etc., et les pommades
de concombre, d'amandes douces, de cacao, de baume de la
Mecque, etc., etc. La prudence doit faire rejeter toutes celles
dans lesquelles entrent des substances minérales, telles que

le plomb, le bismuth, l'arsenic et le mercure. Ces compositions métalliques ont quelquefois la propriété de faire disparaître les boutons et certaines taches de la peau, mais ce n'est jamais qu'en répercutant l'humeur qui les a produites, et en déterminant des métastases funestes. On a vu des personnes affectées de ptyalisme, d'ophtalmie, de phthisie pulmonaire après avoir fait usage de cosmétiques astringents et répercussifs.

Pour ne laisser sur cette matière aucun doute, nous allons indiquer les meilleurs préparations, et celles qu'on ne doit mettre en usage que d'après l'avis du médecin.

Le plus parfait de tous les cosmétiques, est l'eau pure d'une fontaine limpide ; elle suffit pour enlever sur l'épiderme les excrétions habituelles de la peau et nettoyer sa surface ; mais si des circonstances particulières ont rendu la peau rugueuse et sèche, si le mauvais air, le défaut d'exercice, les veilles, l'usage du fard ont altéré le teint, il faut avoir recours à quelques moyens plus efficaces que l'eau. Les préparations suivantes réussissent quand la peau est échauffée.

TRITUREZ :

Baume de la Mecque. . . . . . .   10 gouttes.
Sucre. . . . .   3 gram. 91 centigram.
Un jaune d'œuf. . . . .

Mêlez exactement en y versant peu à peu

Eau de rose distillée. . . . . . .   186 gram.

On se frotte le soir le visage avec cette composition, qu'on laisse sécher sans l'essuyer. Le matin on se lave avec de l'eau pure.

Le docteur Geoffroy indique un autre cosmétique fort analogue au précédent.

Prenez, dit-il, en parties égales :

Huile d'amandes douces. . . . . .
Baume de la Mecque. . . . . . .

Mêlez avec soin dans un mortier de verre ; versez sur ce mélange une petite quantité d'alcool, et laissez digérer jusqu'à ce que vous en ayez extrait une teinture suffisante.

Le cosmétique, appelé *lait virginal*, s'obtient en versant quelques gouttes de torac et de benjoin dans de l'eau pure, jusqu'à ce qu'elle soit blanche comme du lait.

Henri III, qui alliait à la bravoure du soldat français la coquetterie d'une petite maîtresse, effaçait les taches causées par le hâle en se faisant un masque avec de la fleur de farine et du blanc d'œuf.

Les dames danoises délaient dans de la crême fraîche une certaine quantité de farine de haricots et des quatre semences froides en poudre.

On vend à Paris plusieurs eaux pour la toilette, qu'il serait imprudent d'adopter sans en connaître la composition.

Les fards, que les dames mettent sur leur figure, sont *blancs* ou *rouges*.

Le *blanc* est composé avec de la craie de Briançon et de l'oxide de bismuth, qui a l'inconvénient de noircir aussitôt qu'il est en contact avec la peau.

Le *rouge* est du cinabre ou sulfure de mercure, dit vermillon ; il produit presque toujours une salivation abondante, et très souvent il occasionne, outre la perte des dents, une mauvaise haleine.

Les cosmétiques, destinés à l'entretien de la bouche, sont :

L'esprit de cochléaria,
La teinture de gaïac,
Les élixirs odontalgiques.

Dans ces élixirs on fait entrer :

Le girofle,
La pyrètre,
Le romarin,
La bergamotte,
La muscade,
Le gaïac.

On doit rejeter avec soin tous les dentifrices acides. Les poudres pour les dents ne doivent être employées qu'avec ménagement : les opiats usent moins l'émail, et l'on doit préférer, pour en frotter les dents, une brosse douce, aux racines de luzerne, que l'on vend à cet effet.

Il faut aussi se méfier des pommades dites *dépilatoires :* elles sont presque toutes dangereuses.

On doit se montrer fort circonspect dans l'emploi des pommades destinées à la coiffure, et celles dont on se sert pour noircir les cheveux ou en changer la couleur (Cadet Gassicourt).

Dans tous les cas, je conseille aux dames de se servir le moins possible de cosmétiques ; je n'excepte que le lait et l'eau légèrement aromatisés. J'ai soigné plusieurs jeunes femmes dont les os se cariaient, et qui, après avoir renoncé aux cosmétiques, pommades et parfums, ont vu les progrès du mal diminuer tout-à-coup.

COULEUR ROSE POUR L'ÉMAIL BLANC (*préparations*).

On emploie cette couleur lorsque l'émail est posé et *glacé* sur la pièce : elle se compose de 3 grammes 94 centigrammes de cristal de Venise et de 6 centigrammes d'oxide d'or mêlé à de l'oxide d'étain : le cristal de Venise et l'oxide sont broyées séparément, et le plus fin possible. Quand la couleur est bien mélangée, on la laisse sécher : on délaie avec un peu de térébenthine quand on veut s'en servir.

COUPELLE. C'est un petit vase ayant la forme d'une coupe ; les vieux dentistes s'en servent encore pour purifier, par l'action du feu, l'or et l'argent des autres métaux qu'ils renferment. On a donné le nom de *fourneau de coupelle* à celui qui sert spécialement à purifier les métaux ; ce vase est ordinairement formé de la substance d'os calcinés qu'on réduit en poudre, et dont on fait avec l'eau une pâte consistante.

COUPEROSE VERTE, sulfate de fer, vitriol vert. On l'obtient en traitant le vert par l'acide sulfurique.

CRAMPONS, petites pinces en fer recourbées ; elles servent à tenir les plaques pendant le travail de la soudure. On donne encore le nom de *crampons* à de petites broches de fer recourbées en forme de clous à crochets ; on donne également ce nom à des bouts de platine plats, carrés, que les vieux professeurs de prothèse appliquent dans la rainure des dents incorruptibles pendant qu'ils les fabriquent.

CRÊME PECTORALE DU DOCTEUR TRONCHIN. On en donne aux enfants qui sont tourmentés par des toux sèches et opiniâtres pendant la première dentition ; on la leur fait prendre par cuillerée à café.

INGRÉDIENTS.

Beurre de cacao.	62 gram.	50	centigram.
Sucre blanc.	15 »	65	»
Sirop de baume de tolu.	31 »	25	»
Sirop de capillaire.	3 »	25	»

CRESSON, plante de la famille des *crucifères*. Les principales espèces sont : — Le cresson de fontaine, — le cresson des jardins, — le cresson des prés, — le cresson sauvage, — le cresson d'Inde, — le cresson doré. On s'en sert beaucoup dans les remèdes dentaires : c'est un antiscorbutique excellent.

CRÉOSOTE. Ce remède, longtemps en vogue, a été rejeté par tous les dentistes. Un des plus dangereux inconvénients de cette substance, est de carier les dents voisines, parce qu'on ne peut limiter son action corrosive. M. Régnard, un des plus fervents préconisateurs de la créosote, disait :

« Pour que son action soit réelle, il faut que la douleur ait son siége dans la pulpe dentaire elle-même ; dans toute autre circonstance, elle est plus nuisible qu'utile. »

CREUSETS. Vaisseaux de terre ou de platine, ou autres matières ; on y met les matières qu'on veut soumettre à une très haute température ; ils ont ordinairement la forme d'un pain de sucre renversé. Depuis quelques années, on fabrique dans le département de l'Oise des creusets *infusibles*.

CRIN DE FLORENCE (Voyez Pite).

CRISE. Changement en mieux ou en pis qui se manifeste durant la violence des maladies ; les affections dentaires ont leurs *crises* comme toutes les autres douleurs qui tourmentent l'espèce humaine.

CROCHETS A ANGLES PRESQUE DROITS. Ils ont l'avantage d'embrasser et de saisir une dent mieux que ceux qui sont semi-circulaires, qui sont d'abord susceptibles de remonter vers la couronne de la dent, qui occupent beaucoup d'espace et forcent à ouvrir beaucoup la bouche. D'ailleurs, il est très difficile de faire parvenir l'instrument jusqu'à la seconde molaire. Le docteur Tesse a modifié ces crochets de telle sorte, qu'il est permis d'extraire les dents de la mâchoire supérieure sans être obligé de se servir des doigts pour fixer le crochet.

CURE-DENTS. La forme et la matière varient à l'infini.

Les Espagnols, les Italiens, les Anglais se servent de cure-dents en bois très flexible, en corne, en écaille, en plume.

En France, l'or, l'argent, l'ivoire et l'acier ont été tour-à-tour employés; mais on a compris enfin que les cure-dents en plume ou en bois étaient préférables, parce qu'ils ne nuisent pas aux organes dentaires. comme les cure-dents métalliques.

Quand et comment faut-il se servir de cure-dents ? — Lorsque des substances alimentaires se sont introduites entre les dents, qu'elles gênent par leur présence, surtout si les efforts de la langue ne peuvent les en arracher, il faut incontestablement recourir au cure-dents; mais dans toute autre circonstance, on ne doit pas s'en servir, parce que, sous prétexte de nettoyer la bouche, on s'expose, sans besoin, à blesser les gencives, à écailler l'émail.

A Rome, le *cure-dents lentisque* faisait fureur, et toute personne qui se piquait de suivre les caprices de la mode, n'osait paraître en public sans être muni de ce morceau de bois, dont les formes étaient très élégantes.

CUVETTE (*de dentiste*). Elle doit être ronde, fait: en forme d'entonnoir ; le fond est percé d'un trou d'environ 22,55 millimètres : à cette ouverture est adapté un tuyau qui aboutit à un réservoir. On place cette cuvette sur un meuble d'une forme élégante, supporté par des colonnes creuses qui facilitent l'écoulement du sang, qui va se perdre dans un réservoir formé par le piédestal. Ce meuble a plusieurs tiroirs où on renferme les serviettes, les verres et autres ustensibles indispensables pour que la pratique de la prosthèse et les diverses opérations se fassent avec la plus grande propreté.

CUVETTE-ROGERS. Elle sert à prendre le modèle pour la mâchoire supérieure et inférieure, quand il y a une grande dépression aux gencives, à la place des molaires. Le fond est courbé à la partie qui répond aux molaires : cette convexité permet de prendre l'empreinte des alvéoles, tout en laissant la place ordinaire aux dents de devant.

CUVETTE-ROGERS (*sans fond*). Elle permet de prendre le modèle quand les dents sont déchaussées ; l'on peut opérer une pression telle qu'il est facile de prendre l'empreinte des parties les plus profondes des gencives.

D

DAVIER (*droit*). Cet instrument, inventé par M. Narsmith, de Londres, sert à extraire les dents antérieures des deux mâchoires ; seulement on a soin de placer le mors le plus long du côté où l'on veut luxer la dent pour l'extraire ; on se sert du davier droit comme des pinces droites.

DAVIER (*courbe*). Ses mors sont cintrés dans le sens de

leur articulation : le supérieur a 15,79 millimètres de longueur, tandis que l'inférieur n'en a que 13,53. L'extrémité de ces mors ne doit pas avoir plus de 2,25 millimètres d'épaisseur : ce qui leur donne la forme d'un bec de perroquet. La branche supérieure est un peu courbée dans le même sens, ainsi que l'inférieure, qui est plus courte de quelques millimètres. Le *davier* courbe sert pour l'extraction des petites incisives et petites molaires de la mâchoire inférieure.

DÉCHAUSSEMENT (*sculptura dentium*). Petite opération de chirurgie qui consiste à détacher les gencives quand elles adhèrent trop fortement aux dents qu'on doit arracher.

DÉCHAUSSEMENT NATUREL. Les dents se déchaussent naturellement lorsque les gencives sont malades, gonflées, ulcérés, comme dans le scorbut, dans le ptyalisme ou salivation occasionée par le mercure.

DÉCHAUSSOIR. Instrument de chirurgie dont on se sert pour déchausser les dents avant d'opérer l'extraction. C'est une petite lame d'acier recourbée, pointue, dont la partie concave offre un tranchant peu évidé, et dont le côté concave est arrondi ; à l'autre extrémité se trouve une sonde une lime ou tout autre instrument semblable. Scultet en a donné le dessin dans (ses *Armamenta chirurgica*).

DÉCOCTION. Médicament liquide formé par l'ébullition de l'eau sur des substances médicinales : on se sert aussi du même mot pour désigner le procédé opératoire que l'on suit pour préparer le médicament · presque tous les dentifrices, les opiats, les élixirs s'obtiennent par décoction.

DECOLORATION (*des dents et des gencives*). Privation de couleur ou changement, altération de celle qui leur est naturelle : il est plusieurs espèces d'odontalgies qui occasionent la décoloration des gencives.

DECOMPOSITION (*des dents*). Séparation de divers principes auparavant réunis en une seule et même substance. La décomposition des dents est connue plus généralement sous le nom de carie.

DÉCOLORATION (*des dents*). Les dents sont sujettes à se décolorer. Les maladies auxquelles l'homme est sujet altèrent la couleur des dents, mais le retour à la santé leur fait reprendre leur teinte primitive. Les dents décolorées après l'âge de 35 ans ne recouvrent plus leur ancien éclat.

DÉGROSSIR. Oter le gros d'une pièce quelconque pour commencer à lui faire prendre la forme convenable

DÉJETER. Se dit d'une substance quelconque qui se courbe, s'étend, s'enfle. Les dents artificielles en os de bœuf, cerf et même en ivoire déjètent souvent, c'est-à-dire qu'elles changent de direction.

DÉLÉTÈRE. Qui détruit, qui donne la mort. Les acides, les corps durs, les fruits verts, les minéraux, le mercure surtout sont des substances délétères pour les dents.

DÉMANGEAISON. Sensation pénible qui a son siège à la peau ; dans les ouvrages modernes on se sert plus particulièrement du mot *prurit*. Dans certaines odontalgies, la démangeaison est un pronostic de soulagement prochain.

DENTS (*de l'homme, leurs noms, leur nombre, leurs fonctions*). Arrivé à l'âge adulte l'homme a 32 dents, 16 à chaque mâchoire :

Les quatre moyennes sont taillées en biseau, et se nomment *incisives*.

En dehors de ces quatre, de chaque côté, en est une dont le biseau est en pointe et que l'on nomme *canine, lanière* ou *œillère.*

Les cinq postérieures de chaque côté se nomment *mâchelières* ou *molaires* : elles sont plus grosses, ont la couronne plus large et servent spécialement à broyer les aliments.

Les deux premières n'ont que deux tubercules à leur couronne et se nomment *petites molaires* ou *molaires de remplacement.*

DENT (*de sagesse*). La dernière des grosses molaires est connue sous le nom de *dent de sagesse,* parce qu'elle ne vient qu'à l'âge de raison. Quelques individus, surtout les femmes, ne poussent jamais leurs *dents de sagesse.*

DENTS HUMAINES (*prothèse*). Le praticien qui veut se servir de dents humaines pour remplacer des dents perdues doit choisir de préférence celles qui ont appartenu à des individus morts dans la force de l'âge. Le choix fait, on enlève avec un grattoir les portions de périoste, d'alvéole ou de tartre qui peuvent y être adhérentes. Mais les plus célèbres dentistes ont renoncé à ce système qui inspire du dégoût, parce que les dents dont on se sert proviennent ordinairement d'individus morts dans les hôpitaux. On a beau les laver, les purifier, on ne parvient jamais à vaincre la répugnance qu'on éprouve à loger dans sa bouche les dents d'un trépassé. On soumettait les dents humaines à une foule de préparations qu'il est inutile de décrire, parce que ce procédé odontotechnique est abandonné pour toujours : on a même renoncé à la transplantation.

DENTS DE CHEVAL, DE MOUTON, DE CERF. Dans les premiers essais d'odontotechnie, quelques dentistes se persuadèrent que les dents d'animaux suppléeraient facilement à la nature ; ils employèrent des dents de cheval, de mouton, de cerf, etc., sans réfléchir que, limant ces dents pour leur donner la dimension voulue, ils en enlevaient l'émail, et livraient passage à la salive dans la partie osseuse : ces substances ont été abandonnées depuis plusieurs années.

DENTS A PIVOT. Les dents cariées ou fracturées servent encore à recevoir les pièces artificielles à *pivot*. On égalise la partie qui reste, ou la racine, avec la lime ; on détruit même le nerf dentaire, si le cas l'exige. On fait choix d'une dent humaine de la même dimension que celle qu'on veut remplacer ; on la lime ou on scie la racine ; on évide sa face interne, et on la fore, suivant sa longueur, pour y adapter un pivot cunéiforme d'or ou de platine, dont le bout libre entre dans le canal dentaire de la vieille racine. La loi mécanique veut que la partie libre du pivot soit plus longue d'un tiers que la dent. Pour que le pivot entre avec plus de *justesse*, les dentistes l'entourent d'un fil de soie ; cette substance bien sèche, en prenant de l'humidité, donne de la solidité à la dent, et ne contracte pas de mauvaise odeur, si le canal dentaire n'est pas d'une dimension plus grande que le pivot. — Lorsqu'une vieille racine est trop faible, trop délabrée pour soutenir une dent à pivot, ou entièrement enchâssée dans son alvéole, et que cette partie possède toute sa capacité naturelle, on peut y suppléer par une racine d'or. M. Maggiolo, auteur d'un bon ouvrage sur l'art du dentiste, inventa un moyen de fixer les dents à pivot, dans les racines naturelles ou artificielles, au moyen d'un ressort. Avant l'invention des *osanores* par M. Rogers, ce procédé était sans contredit le plus ingénieux ; mais depuis quelques années, le système des râteliers à succion a délivré toute personne des supplices de la vieille prothèse.

DENTAIRE. Qui appartient aux dents. Du temps de Galien, on donnait le nom de *médecins dentatres* (iatroi odon-

tikoi) à ceux qui s'occupaient des maladies des dents.
Ces épithètes ne sont guère employées aujourd'hui que
dans le langage anatomique ; ainsi on dit : *Follicule dentaire, cavité dentaire,* etc., etc.

DENTURE. Réunion de toutes les dents humaines implantées dans l'arcade alvéolaire. On dit : — Cette dame
a une belle, bonne ou mauvaise denture.

DENTIFRICES (*dentes friscare, frotter les dents*). Moyens
curatifs pour préserver les dents de certaines affections ou
en arrêter les progrès. Les anciens connaissaient cette partie de l'art du dentiste; mais depuis quelques temps surtout
on emploie un nombre infini de substances comme moyens
énergiques pour conserver ou rétablir les organes dentaires. La plupart des dentifrices admis par le nouveau codex,
ont pour base la poudre de certaines substances médicamenteuses : les unes ne produisent aucun effet, les autres
sont nuisibles, d'autres enfin sont propices aux dents.

Dentifrices inertes.

La suie,
Le charbon,
Le quinquina,
Le sel marin.

Dentifrices nuisibles aux dents. En première ligne on
doit mettre tous les acides qui ne donnent aux dents qu'une
blancheur instantanée et dissolvent l'émail, il ne faut jamais forcer la nature, et on doit par conséquent rejeter les
dentifrices dont la composition est mélangée d'acide. Il faut
aussi se tenir en garde contre les dentifrices composés avec
du corail pulvérisé; cette poudre altère l'émail.

Dentifrices propices aux dents. De ce nombre sont les
élixirs, les opiats, les liqueurs qui remplacent avantageu-

sement les substances pulvérisées, surtout chez les personnes qui ont des dents cariées, que la brosse, ni l'éponge ne peuvent atteindre.

DENTIFRICE DES CELTIBÉRIENS. Ce peuple qui habitait le pays limitrophe de la gaule narbonnaise et de l'Espagne, se servait de l'urine comme remède et préservatif souverain pour rétablir et conserver la blancheur des dents. Strabon rapporte que les femmes plus raffinées que les hommes, ne se servaient que d'urine conservée dans des citernes.

« Tu imites les celtibériens, dit Catulle en s'adressant à un élégant de Rome, qui se lavent les dents et les gencives avec de l'urine; et si tes dents sont blanches, c'est que tu as fait plus que te gargariser avec cette étrange boisson ! »

DENTIFRICE DE M. CADET-GASSICOURT. Il se compose de :

Sucre tamisé.	31 gram.	25	centigrma.
Quinquina.	15 »	16	»
Crème de tartre.	4 »		
Charbon pulvérisé.	31 »	25	»
Canelle	1 »	49	»

Dans ce dentifrice, il n'y a aucune matière dure, l'acide est doux; le quinquina et la canelle agissent sur les gencives par leurs propriétés stimulantes et styptiques; elles les raffermissent, et le charbon absorbe l'odeur fétide qui s'exhale des dents mal soignées. Cette composition convient principalement aux personnes qui ont une tendance au scorbut.

DENTIFRICE (d'Octavie, fille d'Auguste).

INGRÉDIENTS.

Poudre de raves séchées au soleil.
Du verre blanc bien pilé. . . .
Nard des Indes. . . . .

DENTIFRICE (de Messaline).

INGRÉDIENTS.

Corne de cerf brûlée. . . . . . .
Mastic de Chio. . . . .
Sel ammoniac. . . . .

DENTITION. On entend par ce mot, la sortie des dents hors des gencives et des alvéoles.

DENTITION (*deuxième*). Fait sortir des machoires 32 dents dites permanentes ou de remplacement, parce qu'elles remplacent les dents de lait qui viennent de tomber. Les dents de la deuxième dentition, dit M. Cloquet, ont déjà leurs germes visibles sur le fétus de 3 ou 4 mois de conception ; ils sont placés derrière les follicules de la première dentition pour les dents de remplacement. Les germes de la deuxième dentition comme ceux de la première, adhèrent aux gencives au moyen d'un prolongement plein ou canaliculé ; à mesure que les dents de première dentition prennent de l'accroissement, les dents de lait vacillent et tombent privées de leurs racines.

Vers la septième année, la première grosse molaire paraît, la première à la partie la plus reculée des mâchoires. Les dents de lait tombent en général de 6 à 8 ans, dans l'ordre de leur éruption ; les incisives et les canines sont remplacées aux deux mâchoires par des dents pareilles ; les deux molaires par les deux petites molaires permanentes. Vers l'âge de 11 à 13 ans il pousse une deuxième molaire de chaque côté ; derrière la première, de 12 à 14 ans, la deuxième grosse molaire.

DENTISTE. Présentons d'abord un tableau succinct des connaissances des anciens sur la chirurgie dentaire, et attachons-nous particulièrement à traiter avec précision tout ce qui semble nouveau dans l'ordre des temps.

Les Hébreux, les Égyptiens et les Grecs eurent des dentistes célèbres ; mais l'époque des connaissances certaines en chirurgie dentaire et odontotechnie remonte au temps d'Hippocrate. Ce père de la médecine étudia soigneusement les maladies de la bouche, indiqua les sympathies qui existent entre l'appareil dentaire et la poitrine, l'influence des saisons sur la bouche : il pratiqua le cautère avec le feu, à l'instar des Égyptiens ; il connut la nature des abcès des gencives, et on croit qu'il pratiqua le premier, chez les Grecs, l'extraction des dents, et le savant Érasistrate raconte qu'on voyait de son temps, dans le temple de Delphes, un instrument en plomb pour arracher les dents douloureuses et vacillantes. Hippocrate inventa aussi la lime, et plus tard, le célèbre Galien s'attribua faussement l'honneur de cette découverte. On connaissait depuis longtemps l'usage des fausses dents. Les poètes satyriques d'Athènes et de Rome parlent de l'ivoire qu'on employait pour cette fabrication. Chez les Romains, l'art du dentiste fut stationnaire pendant plusieurs siècles. En vain Dioclès de Tarente, Hérophile et Héraclide de Tarente, le célèbre Démocrate, découvrirent les remèdes contre les odontalgies : l'étude de la chirurgie dentaire était pour ainsi dire abandonnée. Enfin, le siècle d'Auguste, si remarquable par sa galanterie, mit les dentistes en faveur, et on comprit l'importance des soins relatifs à la propreté de la bouche, à la conservation des organes dentaires. Scribonius Largus nous a laissé la composition de plusieurs dentifrices dont se servaient les grandes dames de Rome, et surtout Octavie, sœur d'Auguste, et la trop célèbre Messaline. Le médecin Celse contribua beaucoup aux progrès de l'art du dentiste ; il dépeignit les diverses espèces d'odontalgie et indiqua des remèdes ; il pratiqua le premier avec succès le plombage des dents, et remit en usage la lime inventée par Hippocrate. PLINE, le naturaliste, étudia avec le plus grand soin l'appareil dentaire ; il est le premier qui fasse mention des eaux dont l'usage est pernicieux aux dents. « Les soldats de Germanicus, dit-il, perdirent toutes leurs dents après avoir bu pendant deux ans de l'eau douce d'une fontaine. » Le trépan fut inventé par ARCHIGÈNE, dentiste grec ; ce petit instrument servait à perforer les dents affectées d'une vive douleur qui résistant aux médicaments. SORANUS, d'Éphèse, écrivit sur l'extraction dentaire une savante dissertation qui a été traduite en latin par CŒLIUS, d'Orléans. Il regardait avec raison l'extraction comme une privation de la partie et non comme la guérison ; il savait varier habilement les moyens curatifs de l'odontalgie, et se servait de toutes les ressources médicales. — PAUL ÉGINÉ, médecin très célèbre, tira les procédés opératoires de l'art du dentiste, de l'oubli, où les avaient laissés ses prédécesseurs depuis Galien. Il se montra grand partisan de l'extraction des dents ; il ne craignait pas même d'enlever avec le ciseau la couronne de celles qui étaient hors de rang : il se servait de l'extrémité pointue d'une sonde et de la rugine, pour ôter par écailles le tartre qui se forme sur les dents : il employait aussi la lime, les fils d'or et de soie : il conseillait l'usage quotidien des dentifrices, de se laver la bouche après le vomissement, de ne jamais mordre des corps trop durs, de ne pas manger des fruits verts qui altèrent l'émail, etc. — Sous le bas-empire, l'histoire ne nous a transmis le nom d'aucun dentiste célèbre : nous trouvons seulement un médecin de Bordeaux nommé Marcel, qui propose contre l'odontalgie un remède assez singulier pour être rapporté textuellement. — « Prenez, dit-il, la première sangsue que vous trouverez : mettez la dans votre bouche, retirez la ensuite et écrasez la entre les doigts *medius* de la main droite et de la main gauche, et dites-lui : « Sangsue ! de « même que ce sang ne retournera pas dans la bouche, « mes dents ne doivent plus être douloureuses toute « l'année. » — Il faut recommencer la même chose tous les ans, pour se préserver de l'odontalgie. » — Cette simple citation prouve que le médecin bordelais était déjà imbu des erreurs populaires qui arrêtèrent les progrès de la médecine et de l'art du dentiste pendant la longue période du moyen-âge. — D'ailleurs, tout le monde sait qu'après la chûte de l'Empire Romain, l'odontotechnie, comme tous les autres arts et toutes les sciences, disparut dans le ténébreux chaos de la barbarie. On trouve cependant quelques faits épars dans l'histoire qui prouvent qu'on avait le plus grand soin des dents, témoin saint Jérome qui se fit limer les incisives pour prononcer parfaitement la langue hébraïque. — A partir de cette époque jusqu'au xvie siècle, l'histoire se tait sur les dentistes, et on ne les trouve pas même mentionnés dans la longue énumération des professions au moyen-âge.

Art du dentiste, chez les modernes. En 1595, Ingolstetter écrivit un opuscule sur une croyance populaire relative aux dents : cet opuscule a pour titre : *De la dent d'or d'un enfant silésien.* — En 1579, Eustachius, dans ses *opuscules anatomiques,* avait dit quelques mots sur les dents, et Érastus, contemporain d'Ingolstetter, soutint avec quelques médecins une thèse sur la même matière.— Urbain Hémard, médecin de Lyon, fit imprimer, en 1581, ses *Recherches sur la vraie anatomie des dents;* mais ces divers ouvrages passèrent inaperçus, et l'art du dentiste resta stationnaire jusqu'au commencement du XVIIIe siècle. — En 1727, le célèbre FAUCHARD, le fondateur et le père de la chirurgie dentaire, en France, publia dans son *Chirurgien dentiste,* son nouveau procédé de dents artificielles. — Il eut bientôt de nombreux imitateurs qui employèrent toutes les matières, toutes les substances pour réparer la perte prématurée des organes dentaires. Malheureusement leurs essais, leurs efforts furent infructueux ; en vain DUCHATEAU, pharmacien à Saint-Germain-en-Laye, tenta de fabriquer des râteliers en porcelaine ; ce procédé, tant prôné dès son origine, n'eut qu'un succès de quelques années. Plus tard, le dentiste DE CHEMANT fit de vaines tentatives pour mettre en vogue *des dents incorruptibles.* — Le célèbre PARMILY lui-même, un des plus habiles praticiens de Londres, ne put, malgré son enthousiasme pour ce nouveau système, le faire adopter en Angleterre. Les dents *terrométalliques* de Fonzi n'ont pu lutter contre les préventions du public, parce que l'art est impuissant toutes les fois qu'il veut substituer ses inventions factices aux substances fournies par la nature. — Depuis le commencement de ce siècle, il n'est pas d'efforts qu'on n'ait fait pour améliorer la prothèse. Plusieurs praticiens ont écrit des livres remarquables par les connaissances qu'ils renferment ; mais toutes les fois qu'ils ont abordé la partie pratique de l'odontotechnie, ils n'ont pu réussir, et se sont traînés péniblement à la remorque de leurs devanciers. En effet, qui n'éprouve pas un frémissement involontaire, à la seule idée des dents à pivots, des dents à crochets, des râteliers à ressorts? Il est vraiment déplorable que la science dentaire, retenue jusqu'à ces derniers temps dans les maillots de l'enfance, n'ait pas suivi l'élan des autres sciences qui marchent depuis longues années vers une perfection indéfinie. — Il était réservé à M. William Rogers, de changer tout-à-coup la face des choses et d'opérer une révolution dans la prothèse. Passionné pour son art, le dentiste, après de longues étu-

des, a découvert le système des *dentiers à succion* ou *osanores*. Cette invention merveilleuse a été promptement
adoptée par tous les dentistes de l'Europe, et la chirurgie
dentaire a complètement changé de face, de manière d'o-
pérer : les osanores sont un bienfait inappréciable pour
l'humanité.

Dentistes Français. Les plus célèbres praticiens qui ont
écrit sur l'art dentaire sont : *Audibran Chambly, Aussant,
Baumes, Beaupreau, Bourdet, Bunon, Courtois, Delabarre,
Delmond, Désirabode, Dubois, Dubois de Chemant, Duche-
min, Duval, Fouzi, Urbain Hémard, Jourdan, Laforgue,
Lécluse, Legros, Lemaire, Leroy, Lévêque, Marmont,
Maury, Miel, Montou, Oudet, Rousseau, Taveau, Toirac,
Touchard, Vauquelin.*

*Dentistes Anglais. Berdmore, Bew, Dawning, Fox,
Hertz, Harlok Jackson, Koecker, Lewis, Murphy, Par-
mily, Ruspini, Sigmond, Skiner, Timaens, Tolver,
Tuller.*

*Dentistes Allemands. Albrecht, Angermann, Aronsou,
Blumenthal, Bracmaend, Brunner, Cransius, Cron, De-
fritsch, Hustachius, Ficher, Frank, Geshenck, Grun, Heis-
ter, Heslopp, Hoffman, Ingolstetter, Janke, Junker, Ku-
lenkamp, Leichner, Liddelius, Ludwig, Meyer, Moebius,
Ortlob, Pasch, Rengelmam, Rolfinck, Schmidt, Van der
Maessen, Wagner, Zakbockjen, Ziegler.*

*Dentistes Français contemporains. Maury, Désirabode,
Audibran, Lemaire,* etc., etc.

Dentistes Anglais contemporains et fixés *à Paris. William Rogers,* inventeur des osanores, *Stivens,* etc., etc.

Nous pourrions citer une multitude de noms tous honorables et qui prouvent d'une manière incontestable que l'art
du dentiste est aujourd'hui exercé par des hommes très
recommandables ; d'ailleurs tous les professeurs de prothèse

savent que la partie matérielle de leur profession n'est guère au-dessus de l'art du bijoutier, du fondeur, du porcelainier ; qu'elle exige pourtant des notions de dessin et de mécanique générale ; qu'à ces qualités physiques, il faut joindre des connaissances scientifiques, posséder au moins une grande partie de l'anatomie, la chirurgie, les premiers éléments de matière médicale et de chimie. Quiconque veut s'élever noblement au-dessus de la sphère commune, doit étudier beaucoup et particulièrement les ouvrages qui ont rapport à sa profession.

En 1790, dit M. Maury, il n'y avait à Paris quecinq dentistes ; en 1814 on en comptait une vingtaine ; en 1828 environ cent quarante, qui peuvent être divisés en dix classes, d'après le produit annuel de leur clientèle, ainsi que nous l'avons fait dans le tableau suivant.

Classes.	Nombre. par classe.	Revenu annuel.	Total. par classe.
1re.	5.	40,000.	200,000
2e.	6.	30,000.	180,000
3e.	6.	25.000.	150,000
4e.	8.	20,000.	160,000
5e.	8.	15,000.	120,000
6e.	12.	12,000.	144.000
7e.	15.	9,000.	135,000
8e.	20.	6,000.	120,000
9e.	25.	4 000.	100,000
10e.	35.	2,000.	70.000
Total.	140,	qui reçoivent annuellement	1,379,000

Assurément le nombre des dentistes a beaucoup augmenté depuis 1828, à Paris, et surtout en province ; mais nous devons dire aussi que cette profession, primitivement abandonnée à des hommes ignorants, est aujourd'hui exercée par des hommes qui rivalisent de zèle et de savoir : les professeurs de prothèse sont dans la voie des investigations et du progrès ; encore quelques efforts, quelques tentatives et la science dentaire marchera de pair avec la médecine et la chirurgie.

DÉNUDATION. Ou état dans lequel se trouve une partie quelconque du corps dépouillée de son enveloppe naturelle. La dénudation des dents par la consomption des gencives est ordinairement la suite des affections scorbutiques, des inflammations, du ptyalisme à la suite de potions mercurielles.

DÉPART. On a donné ce nom à l'opération par laquelle on sépare l'argent de l'or.

DÉROCHER. Se dit des métaux que l'on met dans l'eau seconde pour dissoudre les corps étrangers qui s'y trouvent adhérents.

DÉPOTS (*dentaires*). (Voyez abcès.)

DÉPURATIF. Remèdes qui ont la faculté de débarrasser la masse du sang des matières hétérogènes qui en souillent la pureté : les dentistes se servent des dépuratifs dans les affections scorbutiques.

DÉROCHOIR (*ou bouloire*). Vase en forme de baignoire, dont les dentistes se servent pour faire bouillir l'eau-seconde où ils mettent les métaux afin de dissoudre les corps étrangers qui s'y trouvent attachés. Les dentistes de province se servent de *dérochoirs* en cuivre, cependant le platine vaut infiniment mieux, parce que l'eau-seconde n'y verdit pas, comme dans le cuivre, et que les métaux qu'onveut dérocher ne prennent pas un goût métallique ; d'ailleurs, le platine chauffe en moins de temps, et les acides ne parviennent à l'altérer qu'à la longue. Les dérochoirs avaient ordinairement 4 pouces de diamètre sur 2 1/2 de hauteur (ancienne mesure).

DESSÈCHEMENT (*siccatio*). État pathologique d'un organe dans lequel les propriétés vitales sont presque abolies, parce que la nutrition n'y a lieu que d'une manière imparfaite. Les dents comme les autres os se dessèchent, et alors le moindre effort, le moindre contact les brise par parcelles et sans douleur, attendu qu'elles ne sont plus sous l'empire de la vie.

DÉVIATION. Direction contre nature que prennent quelquefois les os et les membres — Phénomène physiologique dans lequel les forces vitales, et peut-être les humeurs se portent dans des directions inaccoutumées. — Le scorbut, le ramollissement occasionnent la déviation des os dentaires et même la carie ; cependant ces derniers cas sont très rares. En général la déviation des dents peut dépendre de trois sortes de causes : 1° De la mauvaise position du germe de la dent, ou de la manière contre nature dont s'est opéré son développement. 2° De la gêne que les dents éprouvent en se développant, soit par leur largeur disproportionnée, soit par leur multiplicité contre nature. 3° De la compression que peut exercer contre elles une humeur développée dans le voisinage.

DIÉRÈSE (*dieresis*). Opération de chirurgie qui consiste dans la séparation des parties réunies contre l'ordre naturel, ou de celles dont la division ou la dilatation sont nécessaires pour le rétablissement de la santé : les anciens ne connaissaient, à proprement parler, que quatre opérations chirurgicales :

1° La diérèse.
2° La synthèse.
3° L'éxérèse.
4° La prothèse.

Ou bien : — la division — la réunion — l'extraction — l'addition ou substitution.

DILACÉRATION. Séparation violente des parties molles, causée par l'action d'un corps extérieur qui les déchire, après les avoir allongées au-delà de leur extension naturelle. Les fluxions, les tumeurs, occasionnent souvent la dilacération des gencives.

DISPOSITION (*des dents de l'homme*). Cette disposition, et en particulier la forme des *molaires*, annoncent que l'homme est à la fois destiné à se nourrir de chair et de fruit. Tous les animaux omnivores, comme l'ours, le singe, le rat, ont ainsi que l'homme des molaires tuberculeuses; tandis que les carnivores les ont tranchantes, et que dans les herbivores elles sont plates, avec des lignes saillantes d'émail.

DRILLE. Espèce de porte-forêt qui tourne sur son axe à l'aide d'une traverse en bois fixée par une lanière en peau d'anguille, à l'extrémité du forêt et aux deux bouts de la traverse. On s'en sert pour percer plus vite des trous dans les substances métalliques.

ÉCHOPPER. Travailler les matières animales ou m inérales, en se servant de l'échoppe.

DYSPHAGIE (*disphagia*). Difficulté de manger, d'avaler; maladie occasionnée par les fractures et luxations de la mâchoire inférieure; les plaies qui surviennent aux joues, les tumeurs, les ulcères ; par l'inflammation du voile du palais, etc. On emploie les émollients comme curatifs et même préservatifs.

DYSPHONIE (*dysphonia*). Difficulté de la voix ; cette affection est principalement occasionnée par la partie des dents incisives. Les personnes qui en sont atteintes ne peuvent se dispenser de recourir à la prothèse.

E

EAU (*en latin aqua, udór chez les grecs*). L'eau pure est sans contredit le meilleur dentifrice, et un préservatif puissant pour les personnes dont les dents n'ont pas encore été souillées par les premières atteintes de la carie.

EAUX (*leur inflnence sur les organes dentaires*). Les eaux *pluviales* dans le *printemps* sont propices à la bouche ; dans l'*été* elles rafraîchissent les gencives, en *automne* elles renferment des principes morbides; en *hiver*, mélangées ordinairement avec la neige, elles prédisposent au scorbut, à la carie. Les *eaux de rivières* sont très favorables. Les *eaux* d'étangs sont délétères ; la *mer* est très funeste aux organes dentaires, les marins et les riverains sont affectés du scorbut.

EAU-FORTE (*acide nitrique*). Les professeurs de prothèse se servent de cet acide étendu d'eau, pour nettoyer

les dents artificielles, pour dérocher les pièces qu'on a soudées, pour essayer l'or sur la *pierre de touche*.

EAU RÉGALE. Ce n'est qu'un mélange d'acides nitrique
et muriatique.

EAU-DE-MÉLISSE-COMPOSÉE. Elle est stomachique,
tonique, céphalique, calme les maux de dents, dissipe les
vapeurs et la mélancolie. La dose varie de 10 gouttes à une
cuillerée à café. On peut aussi s'en servir extérieurement
comme de l'eau vulnéraire, elle facilite l'éruption des dents
permanentes.

INGRÉDIENTS.

Mélisse citronnée en fleurs ré-centes.	375 gram.		
Zestes de citrons récents.	62 »	50 centigram.	
Noix-muscades.	31 »	25	
Coriandre.	15 »	63	»
Girofle.	31 »	25	»
Canelle.	31 »	25	»
Racines sèches d'Angélique, de Bohême.	16 »	12	»
Esprit de vin rectifié.	2 kilos.		

EAU-ANTISCORBUTIQUE-ROGERS. Je conseille aux
personnes qui ont les dents vacillantes, soit par suite de
maladie, soit par accidents, de bien nettoyer leur bouche,
de la rincer avec de l'eau antiscorbutique, et ensuite de
mettre sur la brosse déjà mouillée, quelques gouttes d'une
eau spéciale, connue sous le nom d'*eau-Rogers*, et de frotter souvent la gencive tout autour de la dent ébranlée.

EAU-ROGERS (remède contre la carie). Cette eau avantageusement connue depuis quelques années, arrête la

suppuration, rempl.t les pores de la dent malade, cautérise le nerf sans qu'il soit besoin de recourir à la brûlure, et dépose dans la cavité de la dent un émail qui permet d'opérer le plombage sans accident. Ainsi, on n'a plus à craindre la pression du métal, ni l'effet du galvanisme rendu impossible par cette couche intermédiaire. Le moyen de se servir de *l'Eau-Rogers* est très simple ; il faut d'abord se rincer la bouche pour la délivrer de tout dépôt de matières, imbiber ensuite de cette eau, une petite boule de coton qu'on introduit dans la cavité de la dent deux fois par jour : huit jours suffisent pour obtenir la guérison dans les cas les plus rebelles. L'odeur de *l'Eau-Rogers* est très agréable ; elle ne nuit pas aux dents, ni aux gencives, avantage qu'elle a incontestablement sur tous les autres spécifiques employés jusqu'à ce jour, qui rongent les gencives et laissent dans la bouche une odeur insupportable.

EAU DE MADAME DE LA VRILLIÈRE (pour les dents). On concasse de la canelle et du girofle, on y ajoute du cochléaria, des roses et des écorces de citrons qu'on a soin de diviser ; on fait macérer le tout dans l'alcool pendant 24 heures ; on distille au bain-marie.

PROPORTIONS DES INGRÉDIENTS.

Canelle.	62 gram.	50 cen igram.
Girofles.	23 »	45 »
Écorces récentes de citron.	46 »	92 »
Roses rouges sèches.	31 »	25 »
Cochléaria.	250 »	43 »
Alcool.	1 kil. 500 »	

EAU D'ORGE. On fait bouillir dans une pinte d'eau pendant dix minutes, une cuillerée d'orge mondé, 31 grammes 25 centigrammes de racine de guimauve, une tête de pavot concassée. La décoction terminée, on la passe au linge fin et on y ajoute 62 grammes 50 centigrammes de miel de Narbonne.

On doit se servir de cette décoction de préférence à toute autre chose, lorsqu'on a les gencives gonflées par une inflammation accidentelle ou un engorgement occasionné par le sang.

On s'en gargarisera plusieurs fois par jour, à tiède, en la gardant le plus longtemps possible dans la bouche. Quelques dentistes conseillent de faire saigner les gencives avec un cure-dent, ou une lancette si elles sont seulement engorgées avant de se servir de ce gargarisme. Je regarde comme très funeste, dans ce cas, les élixirs spiritueux, parce que leur usage provoquerait la suppuration.

EAU-DE-VIE DE GAIAC. On la prépare en faisant infuser 62 grammes 50 centigrammes de sciure de bois de gaïac dans un kilo d'eau-de-vie, pendant dix à douze jours, ayant soin d'agiter le vase de temps en temps : on la filtre ensuite.

On se sert de cette eau-de-vie en en mettant quelques gouttes dans un demi-verre d'eau pour gargariser la bouche, après s'être frotté les dents avec la brosse et la poudre, ou l'opiat.

EAU-SECONDE (ou acide nitrique très étendu d'or). M. Vauquelin dans son *manuel de l'essayeur*, indique le moyen de se servir de l'*eau-seconde* pour séparer des eaux qui ont servi a dérocher l'or, les quantités de ce métal qu'elles contiennent.

1° Réunissez, dit-il, vos eaux dans des pots de Talvanne, lorsque vous en aurez une quantité, tirez ces eaux à clair de dessus le marc par le moyen qui vous paraîtra le plus commode ;

2° Mettez ces eaux claires dans un autre pot, versez sur le marc resté dans le premier vase de l'eau commune en suffisante quantité pour bien laver le marc, agitez ce mélange et laissez ensuite reposer jusqu'à ce que la liqueur soit éclaircie; décantez-la à son tour, et après l'avoir tirée à clair, réunissez-la avec la première liqueur;

3° Faites dissoudre dans de l'eau du sulfate de fer ou couperose verte; une livre suffit si les eaux ne contiennent que quatre onces d'or environ;

4° Versez cette dissolution de sulfate dans vos eaux contenant de l'or, remuez continuellement avec un morceau de bois, jusqu'à ce que les liqueurs soient exactement mêlées, c'est-à-dire le moment que l'or se sépare, et donne au mélange une couleur brune de marron;

5° Laissez pendant deux jours la liqueur en repos, pour que les parties de l'or, qui sont très divisées, aient le temps de se déposer; quand la liqueur sera éclaircie, décantez-la comme la première fois, mais avec précaution, afin que l'or ne puisse pas être entraîné;

6° L'eau étant décantée, lavez le dépôt avec de l'eau dans laquelle vous avez mis une quantité d'huile de vitriole (acide *sulfurique*) suffisante pour lui donner une saveur acide, comme le fort vinaigre. Quand cette eau aura resté pendant deux heures sur le marc, décantez-la comme la première; passez ensuite un peu d'eau ordinaire sur le même marc, et décantez de nouveau, en ayant toujours soin de ne point laisser entraîner l'or;

7° L'or étant ainsi lavé, il faut le ramasser soigneusement, le faire sécher dans un poêlon de terre cuite, ensuite faites fondre cet or dans un creuset avec une petite quantité de salpêtre et de borax pour le réunir. Cet or sera fin;

8° Avant de jeter les eaux dont vous avez séparé l'or, prenez-en une pinte environ, versez-y quatre onces de couperose verte, dissoute comme il est dit ci-desus : si l'eau ne change pas de couleur, ce sera une preuve qu'elle ne contient plus d'or. Si, au contraire, elle se troublait et devenait brune, il faudrait ajouter à la totalité de cette liqueur quatre onces de couperose dissoute, et opérer comme la première fois ;

9° Quant au sédiment blanc ou marc laissé dans le premier pot, il faut, après l'avoir fait sécher, le fondre dans un creuset avec un peu de salpêtre et de borax mêlés ensemble.

Cette matière donnera de l'argent qui contiendra environ 2 pour 100 d'or.

ÉBRANLEMENT (*des dents*). Il est *accidentel* ou *organique*. Les dents sont ébranlées accidentellement par les coups qu'elles reçoivent, par suite de maladie, par l'habitude qu'ont certaines personnes de les toucher trop souvent avec leurs doigts : dans ce cas, elles se raffermissent facilement ; mais si l'ébranlement est le résultat d'une maladie, elles restent vacillantes pendant tout le temps que dure l'affection. Quant aux dents des vieillards, il est très difficile, pour ne pas dire impossible, de les raffermir : une bonne précaution à prendre, c'est de les raccourcir avec la lime pour empêcher le contact avec les dents correspondantes. Le plus sûr moyen de raffermir les dents ébranlées est de les attacher aux dents voisines au moyen de ligatures.

ÉBURNIFICATION. Formation progressive de l'ivoire ou partie osseuse de la dent. C'est une production qui a lieu à la surface de la pulpe, et n'est pas une transformation de son tissu, comme l'ont avancé plusieurs anatomistes.

ÉCHOPPE. Tige d'acier, demi-plate, montée d'un manche, et dont la pointe est taillée en rond ou en biseau, et tantôt très aiguë. On s'en sert ordinairement pour sculpter les dentiers complets ou partiels en hippopotame.

ÉCROUISSEMENT. On appelle ainsi la dureté et la raideur que les métaux acquièrent lorsqu'on les bat à froid. Un métal écroui devient beaucoup plus élastique qu'il ne l'était auparavant. Il devient en même temps très cassant et très aigre. L'or et le platine, quoique très ductiles, peuvent néanmoins être écrouis.

ÉDUCATION PHYSIQUE (son influence sur *les organes dentaires*). Les exercices du corps influent beaucoup sur la santé de la bouche. La marche, les sauts, la course, la danse, la chasse, la natation, la lutte, le chant, la déclamation, etc., sont très souvent funestes aux dents, surtout si on s'y livre avec excès : ces exercices réagissent sur l'organisation buccale comme sur toutes les autres parties de la machine humaine : la danse principalement est préjudiciable aux dames qui contractent l'hiver dans les bals, des odontalgies, des catarrhes, des fluxions.

ELIXIR (du mot arabe *al-eksir, remède chimique*, ou du mot grec *alexo*, je porte secours). Les élixirs sont des liqueurs alcooliques chargées de principes extractifs ou résineux, retirés des végétaux. Beaucoup d'élixirs édulcorés par le sucre, sont de véritables sirops.

ÉLIXIR DENTIFRICE (du docteur Capon).

INGRÉDIENTS.

Éther sulfurique.	62	gram.	50	centigram.
Laudanum.	16	»	12	»
Camphre.	3	»	91	»
Huile de thym.	2	»	38	»
Huile de romarin.	2	»	38	»

On mêle bien le tout : on imbibe un peu de coton de

ce mélange, et on le place ordinairement sur la dent affectée d'odontalgie.

ÉLIXIR DOUX (du docteur Capon). Cet élixir est un bon spécifique contre les maux d'estomac qui peuvent produire une irritation immédiate dont l'effet se porte sur les dents. On en prend ordinairement un petit verre à liqueur le matin et autant avant le dîner.

Proportions des ingrédients :

Extrait d'absinthe.	31	gram.	25	centigram.
— de centaurée	31	»	25	»
— de charbon béni.	31	»	25	»
Gentiane.	31	»	25	»
Carbonate de potasse.	31	»	25	»
Vin de Malaga.	4	kilos.		

ÉLIXIR ODONTALGIQUE (du docteur Capon). On en met quelques gouttes dans la bouche, qu'on promène du côté douloureux, et qu'on rejette ensuite quand la douleur est passée.

INGRÉDIENTS :

Huile essentielle de girofle. . . .	3	gram.	91	centigram.
Huile de thym.	2	»	45	»
Extrait thébaïque.	7	»	82	»
Alcool de roses.	62	»	50	»
Vin de Frontignan.	181	»	75	»

On filtre le tout avec soin.

ELIXIR TONIQUE. Il guérit le scorbut non invétéré, le gonflement des gencives, les aphthes. On en verse une quinzaine de gouttes dans le tiers d'un verre d'eau ; on s'en frotte les dents et les gencives avec une brosse. Il raffermit les dents et dissipe les mauvaises odeurs de la bouche.

FORMULE :

Racine de ratanhia.	250 gram.
Eau vulnéraire spiritueuse. . .	4 litres.
Huile essentielle de menthe an-	
glaise.	7 gram. 81 centigram.
Huile d'écorce d'orange.	11 . » 72 »

Après avoir concassé la racine de ratanhia, on la fait infuser huit jours dans l'eau vulnéraire; on filtre ensuite cette teinture et on y ajoute les substances dissoutes dans :

Alcool..	125 gram.

ÉMAIL (des dents de l'homme). C'est une substance particulière, semi-transparente, ressemblant un peu à la porcelaine, et dont la couleur varie chez les individus; l'émail se compose de filaments qui, s'ils avaient moins de continuité, revêtiraient la dent d'une sorte de velours. — Il couvre, dit Béclard, d'une couche peu épaisse le corps de la dent et finit en s'amincissant au collet; sa texture est fibreuse, les filets dont il est formé sont pressés les uns contre les autres. L'émail des dents est si dur qu'on peut le comparer à l'acier *revenu bleu* : il est susceptible d'attaquer les meilleures limes et de faire feu sous le briquet. Son épaisseur varie à l'infini. Soumis à l'action du feu, l'émail se ternit, se fendille, devient friable : il se dissout dans un acide légèrement affaibli.

Analyse de l'émail, par Bezelin :

Phosphate de chaux.	85,3
Carbonate de chaux.	8,0
Phosphate de magnésie.	1,5
Membranes, soude et eau.	0,20

ÉMAUX (*employés pour imiter les gencives sur les pièces incorruptibles*). Les dentistes ont employé et emploient trois sortes d'émaux :

Le premier est tout-à-fait blanc, et on peut à volonté lui donner une teinte plus ou moins claire ; les émailleurs s'en servent pour émailler les cadrans de montre.

Le second ne diffère du premier que par une petite quantité de carmin produit par le précipité pourpre de Cassius qu'on y ajoute.

Le troisième est l'émail de Venise ou de Genève, qu'on vend tout coloré chez les marchands.

L'émail blanc est le plus usité. Il est composé d'étain, de plomb, de fer, de cuivre, d'acier, d'or, d'argent, de soufre, d'antimoine, de litharge, de carbonate de potasse, de manganèse.

ÉMAIL. Composition minérale vitrifiée par le feu ; on en recouvre les dents dites incorruptibles pour imiter la transparence et le brillant des dents naturelles.

ÉMAIL TENDRE. Coloré en rose, cet émail sert pour imiter les gencives sur les dents artificielles.

ÉMAIL BLANC (*préparation*). On le pile d'abord dans un mortier d'agathe ou de porcelaine, jusqu'à ce qu'il soit réduit en poudre très fine. On le soumet à plusieurs *eaux-se-*

condes, jusqu'à ce que la dernière soit d'une clarté parfaite, et l'émail d'une éclatante blancheur : on le lave avec de l'eau filtrée; on le passe à travers une éponge jusqu'à ce qu'il n'ait plus aucune acidité.

ÉMAIL ROSE (*préparation*). On prend 125 grammes d'émail tendre et 54 centigrammes de précipité de *Cassius*; on broie à l'eau l'oxyde, on y ajoute peu à peu l'émail que l'on broie aussi très fin pour qu'il absorbe mieux la partie colorante : on le fait ensuite sécher, puis on le met dans un creuset pour le faire fondre au feu de moufle.

ÉMAILLER (*les pièces en dents artificielles*). Les préparations préliminaires consistent, avant de poser l'émail sur la pièce, à la bien nettoyer et dégraisser avec du sous-carbonate de potasse ou de chaux, que l'on fait bouillir pendant 20 minutes. On lave ensuite à l'eau claire, on brosse avec soin et on fait sécher.

ÉMANATIONS (*leur influence sur les organes dentaires*). Cette influence est plus ou moins funeste, selon leur degré d'intensité. Les émanations qui proviennent des fleurs ou *odeurs* causent des vertiges, des odontalgies. La vapeur du charbon, les fermentations alcooliques exercent sur les dents une action tout-à-fait délétère. Les émanations putides provenant de la décomposition des substances animales ou des végétaux corrompent les gencives et prédisposent au scorbut.

EMPREINTE. Figure de ce qui est empreint. On se sert ordinairement pour prendre les empreintes de cire vierge qu'on préfère à toute autre substance.

ENFONCE-GOUPILLE. Tige d'acier dont une extrémité perforée d'une ligne embrasse la tête de la goupille, tandis que l'autre, qui est plus grosse, reçoit des coups de marteau. Elle a la forme d'un emporte-pièce.

ENGORGEMENT. Se dit de l'augmentation de volume d'une partie ou d'un organe malade, augmentation qui est produite par des humeurs qui y sont accumulées par une cause quelconque : il y a plusieurs cas d'engorgements des gencives.

ENTAMURE (des dents). Ce n'est à proprement parler qu'une petite fracture qui ne détermine aucune altération morbifique, elle est ordinairement superficielle; elle peut être occasionnée par les convulsions, le grincement des dents, par la rencontre de corps durs pendant la mastication. Au moment ou l'entamure a lieu, la douleur est plus ou moins vive ; elle se fait ensuite ressentir pendant quelque temps par l'effet de l'air. On lime ordinairement les dents entamées.

ÉPONGE (*spongos sponguia*). Substance que les naturalistes ont placée tour-à-tour parmi les animaux et parmi les végétaux; elle se présente en masses brunes ou fauves, formées de fibres très déliées, flexibles, élastiques, percées d'un très grand nombre de pores et de petits conduits irréguliers donnant les uns dans les autres. On préfère celles dont la couleur est moins foncée, la nature plus fine, les pores plus étroits. L'art dentaire fait un très grand emploi d'éponges.

ÉPONGES. Des morceaux d'éponges attachés à un manche servent encore pour la toilette de la bouche, mais quoique douce en général, cette substance ne nettoie les dents que d'une manière imparfaite, elle glisse sur l'émail sans détacher le limon ou le tartre.

EPOQUE DE LA PREMIÈRE DENTITION. L'éruption des dents de lait se fait dans l'ordre suivant :

Les 4 incisives centrales, celles inférieu- res paraissent les premières. . . .	du	5ᵉ au 10ᵉ mois.
Les 4 incisives latérales.	du	9ᵉ au 16ᵉ »
Les 4 canines.	du	14ᵉ au 23ᵉ »
Les 4 premières molaires.	du	20ᵉ au 30ᵉ »
Les 4 dernières molaires.	du	37ᵉ au 40ᵉ »

ÉPULIE. Tubercule plus ou moins volumineux, qui s'élève du fond des alvéoles, et succède à l'abcès des gencives, connu sous le nom de *parulie.*

ÉPULIES (*excroissances des gencives*). Ces tumeurs, ordinairement molles et fongueuses, quelquefois dures et cartilagineuses, se développent souvent sans cause connue; mais dans le plus grand nombre de cas, elles sont déterminées par l'ulcération ou la carie d'une ou de plusieurs dents, par la nécrose qui affecte les alvéoles. On a divisé les épulies en cinq variétés. 1° L'épulie simple sans ulcération des gencives; 2° l'épulie cartilagineuse; 3° l'épulie suite de parulie occasionnée par la carie; 4° l'épulie avec la carie de l'os maxillaire; 5° l'épulie produite par la nécrose du même os. En général, l'épulie se présente d'abord sous la forme d'un petit tubercule d'un rouge pâle, avec des inégalités à sa surface; il est très facile de ne pas la confondre avec le gonflement des gencives produit par une diathèse scorbutique ou l'emploi du mercure. Les épulies ne doivent pas être regardées comme des affections très graves; on les guérit très facilement quand elles ne sont pas entretenues par une cause permanente : la ligature, l'instrument tranchant et le cautère actuel sont les meilleurs curatifs.

EQUARRISSOIR. Broche d'acier taillée à facettes, pour agrandir les trous que le foret a percés dans les plaques : on s'en sert encore pour perforer les racines des dents à pivots, et on en a de différents calibres.

ÉQUARRISSOIR-PYRAMIDAL. On se sert de cet équarrissoir pour donner la forme d'un cône à différents trous.

ÉROSION (*des dents*. (Voir *atrophie*.)

ÉRUPTION (*des dents en général*). A mesure que la dent se développe sur son noyau pulpeux, par l'addition des nouvelles couches qui se forment à sa surface interne, elle s'alonge, et le sommet de sa couronne s'éloigne du fond de l'alvéole pour se rapprocher de plus en plus de la gencive. Bientôt son sommet presse contre le feuillet externe du follicule, que la pression de la dent finit par détruire, ainsi que la gencive à laquelle il adhère ; il se fait une absorption qui perce le follicule et permet à la dent de sortir. Quand la couronne n'a qu'une seule pointe, il ne se fait qu'une ouverture, et la dent sort en s'agrandissant ; mais lorsqu'elle est *multicuspidée*, il se forme autant d'ouvertures qu'elle a de tubercules, et il reste entre ses pointes une portion de gencive qui finit par être détruite : la *matrice dentaire,* ou follicule membraneux, se continue avec le tissu des gencives par un canal étroit ; et à mesure que la dent s'élève, elle dilate ce canal qui se raccourcit de plus en plus, jusqu'à ce que la dent paraisse sur le bord gencival. Lorsque la dent est sortie de la gencive, la membrane externe des follicules qui a cessé de recouvrir sa couronne, continue d'envelopper la racine, qu'elle unit aux parois de l'alvéole, en formant ce qu'on appelle le périoste *alvéodentaire,* qui n'est rien autre chose que le prolongement de la gencive, avec laquelle il se continue au niveau du *collet de la dent.*

ÉRUPTION (*diverses époques*). La sortie des dents a lieu à deux ou trois époques de la vie.

La première époque fait sortir les dents propres à l'enfance, et qui sont au nombre de 20.

La deuxième éruption fait sortir les dents permanentes qui sont au nombre de 28.

La troisième éruption fait sortir les dents tardives ou dents *de sayesse*.

ESQUILLE (*assula*). On appelle ainsi une petite pièce ou partie quelconque qui se détache du corps d'un os brisé. Un fragment de dent, séparé du corps dentaire par une chute, un choc, ou toute autre cause, est une *esquille*.

ESTAMPER. Faire ou prendre l'empreinte de matières dures sur une substance plus molle.

ÉTABLI DE DENTISTE. Il doit être semblable à celui d'un bijoutier : on le place ordinairement près d'un croisée. La forme de cette espèce de table, à une ou à plusieurs places, est très commode pour travailler dans un atelier.

ÉTHER (*œther naphta*). On donne ce nom à des liquides très volatifs et très inflammables, qu'on obtient en distillant certains acides avec de l'alcool. L'*éther*, dit sulfurique, est le plus anciennement connu ; on se sert d'éther pour frotter les joues et les tempes des malades dans certaines affections dentaires.

EXTRACTEUR DE RACINES. Cet instrument, inventé par M. Rogers, a pour bout solide une vis en forme de tire-bouchon. On l'emploie avec succès sur les racines profondément cariées, et dont les bords n'offriraient aucune résistance aux pinces ordinaires.

EXCISION (*des dents*). Opération qui consiste à couper, avec des pinces très fortes, les dents à leur couronne ; ce procédé dentaire fut inventé et mis en vogue par M. Fay, praticien américain. Le journal le *Traveller*, de 1826, rend ainsi compte de l'excision pratiquée par M. Fay pour faire cesser les douleurs de dents. « M. Fay, en pareil cas, a recours à l'excision. Nous avons eu occasion d'examiner avec soin ses pinces perfectionnées, et nous pouvons assurer que cette opération peut être faite *sans douleurs*... Le raisonnement sur lequel nous fondons notre assertion, c'est que sur mille cas on en rencontre 999 dans lesquels la maladie a son siége, non pas à la racine de la dent, mais bien à sa couronne, de manière qu'il suffit d'enlever cette partie malade pour faire cesser à l'instant les *douleurs*, ce que confirme journellement l'expérience... Il se forme alors une nouvelle matière osseuse, qui protège la racine contre toute impression extérieure ; les joues ne se creusent pas comme après l'extraction complète de la dent, il reste encore des racines qui, au besoin, peuvent servir de base aux pièces artificielles.

« Le procédé opératoire de M. Fay consiste seulement à enlever, avec des pinces coupantes, la couronne de la dent malade ; il ne peut en résulter de conséquences fâcheuses, tandis que si l'on vient à la limer, comme le font beaucoup de dentistes, on détermine presque toujours une inflammation très vive et d'autres accidents non moins graves... »

Les dentistes français n'ont pas jusqu'à ce jour pratiqué l'excision qui paraît fort dangereuse dans le plus grand nombre de cas.

EXCORIATION. Plaie superficielle de la peau : il y a souvent excoriation de gencives accompagnées de vives douleurs.

EXCROISSANCES DES GENCIVES. (Voyez *épulie*.)

EXFOLIATION (*des dents*). Ce terme, en langage chirurgical, signifie séparation des parties frappées de mort, d'un os, d'un tendon, sous la forme de lamelles ou de petites feuilles. L'exfoliation est une opération accomplie le plus souvent par la nature seule, et aidée quelquefois par l'art, qui a pour objet de séparer une partie osseuse morte des autres parties adjacentes qui ont conservé leur vitalité. L'exfoliation dentaire s'opère quelquefois naturellement, mais le plus souvent par le secours de la prothèse.

EXOSTOSE (*des dents*). Elle n'affecte que la racine des dents ; dans certains cas, elle n'existe que sur un côté de la dent, présentant une forme arrondie et anguleuse. L'exostose est presque toujours le résultat de l'engorgement et de l'ossification du périoste dentaire. Il est presque impossible de porter un diagnostic exact sur cette affection ; on la reconnaît seulement au gonflement de l'alvéole, à la mobilité de la dent malade, à la perte de niveau de cette dent avec les dents voisines. On combat cette maladie par des topiques émollients et narcotiques, des saignées locales et des révulsifs. Si la douleur devient plus intense, il convient d'opérer l'extraction.

EXOSTOSE-SCORBUTIQUE. On reconnaît qu'une exostose est scorbutique, lorsqu'il n'y a pas eu, et qu'il ne paraît aucun signe d'un virus quelconque ; lorsque le scorbut est porté à un haut degré, lorsque la tumeur ne s'est montrée que depuis l'invasion du scorbut. On traite ces exostoses par les anti-scorbutiques, les acides, les amers, l'application extérieure des substances stimulantes, les embrocations aromatisées, etc., etc.

EXTRACTION (*des dents*). C'est sans contredit une des opérations les plus difficiles de l'art du dentiste. — Un praticien habile doit, à première vue, reconnaître si une dent est difficile à extraire, en prévenir son client, mais de manière à ne pas l'effrayer ; il doit surtout avoir cette précaution, lorsque les dents sont tellement cariées à leur couronne, qu'elles n'offrent aucune résistance au point d'appui de l'instrument. — *Arracher, ce n'est pas guérir*, dit un dentiste auteur, *c'est détruire.* Aussi doit-on se montrer très circonspect avant de procéder à l'extraction d'une dent. On n'en vient à ce moyen extrême que dans les cas où la dent, profondément cariée, très impressionnable à l'air, ne peut, d'aucune manière, être conservée. Si les dents sont saines, on doit bien se garder d'en faire l'extraction, qu'elle que soit la violence de la douleur, dont la cause réside dans un fait étranger, et non dans la substance dentaire. Quelle que soit la méthode que l'on adopte pour extraire une dent ou une racine, il est certaines précautions à prendre pour assurer le succès de l'opération. Il faut d'abord bien saisir la dent, adopter un point d'appui qui serve de levier à l'instrument, ne pas se presser de séparer les parties adhérentes aux racines, employer moins de force que d'adresse, afin de ne pas fracturer la dent, briser son alvéole, déchirer les gencives, ébranler les dents adjacentes. Le meilleur mode de pratiquer l'extraction est celui qui consiste à saisir la dent au-dessous de la couronne, le plus près possible de la gencive, et de lui faire subir une inclinaison circulaire ; on parvient ainsi à la *luxer*, et le malade souffre moins. Il faut bien se pénétrer de ce fait d'anatomie buccale, qui établit que les racines des dents inclinent toutes plus ou moins vers l'intérieur de la bouche. Pour opérer l'extraction, il convient donc de faire le mouvement de rotation du dehors en dedans. Si par extraordinaire la racine se trouvait autrement placée, on s'en rendrait compte immédiatement par la résistance qu'on éprouverait ; car il faut bien se garder de faire sauter les dents, comme le font les charlatans ; on doit au con-

8*

traire les tirer doucement, et peu à peu on les verra sortir de l'alvéole.

EXTRACTION DU TARTRE. En s'y prenant à temps, on peut enlever le tartre avec une brosse imprégnée d'un dentifrice convenable ; mais le plus souvent on le laisse s'accumuler à la face interne des dents antérieures de la mâchoire inférieure, et il faut de toute nécessité recourir aux instruments qui ont pour la plupart la forme de burins, de grattoirs, de crochets ; ils doivent être en acier fin, bien trempés, tranchants, fixés solidement à un manche. Le dentiste prend toutes les mesures de propreté pour n'inspirer aucun dégoût au malade ; si la bouche qu'il visite exhale de mauvaises odeurs, il les combat par des aromates. Ces précautions prises, il place la personne dans une position convenable, se tient à droite, fait pencher la tête sur le dos du fauteuil ; et, tenant l'instrument comme une plume à écrire, il commence par nettoyer les petites incisives de la mâchoire inférieure, cassant le tartre par fragment de bas en haut ; pour l'enlever à la face interne, il fait incliner en avant la tête de la personne ; pour nettoyer les dents de la mâchoire supérieure, il passe le bras gauche autour de la tête de la personne, et avec l'index relève la lèvre supérieure : le tartre des molaires s'enlève plus aisément avec les rugines. On termine l'opération en frottant les dents avec une brosse douce imprégnée de dentifrices, et on lui imprime un mouvement de rotation, pour lui faire suivre le contour des gencives et l'introduire dans les moindres interstices.

F

FACE (*facies*), ou moitié antérieure de la tête. Les os de la face sont au nombre de quatorze, parmi lesquels le dentiste doit principalement remarquer les deux *palatins*, le *maxillaire inférieur*, le *maxillaire supérieur :* pour les gens du monde la face se compose : du front, des sourcils, des yeux, du nez, des joues, de la bouche, des mâchoires.

FEU DES DENTS. Cette affection se manifeste par de petites dartres écailleuses sur la face et derrière les oreilles; cet érythème n'est pas dangereux : il est presque toujours le résultat du peu de soin que les nourrices prennent des enfants. En général, toutes les éruptions cutanées n'exigent aucun traitement particulier ; elles disparaissent aussitôt que la dent est sortie.

FIL DE FER. Les dentistes s'en servent pour retenir les pièces qu'ils veulent souder.

FILIÈRE. Bande d'acier percée d'un certain nombre de trous de différents diamètres, par lesquels on étire des fils de métal pour en diminuer la grosseur, jusqu'à un degré voulu.

FILETS (*filamentum*). Repli membraneux situé au-dessous de la partie moyenne de la langue, et destiné à régulariser ses mouvements en les limitant; ce repli se prolonge quelquefois vers l'extrémité de la langue, et gêne la liberté de ses mouvements. Dans ce cas, on le coupe avec des ciseaux, et s'il y a hémorragie, on l'arrête en cautérisant l'ouverture de l'artère, au moyen d'un stylet rougi au feu.

FISSURE (*fissura*). On donne quelquefois ce nom à la solution de continuité des os longs ou plats, qui consiste en une fente alongée sans déplacement marqué des pièces osseuses. Un choc, la mastication d'un corps dur, peuvent produire des fissures dentaires.

FISTULES DENTAIRES. Petits ulcères situés la long de la base de la mâchoire inférieure, ou, ce qui est infiniment rare, près de l'apoplusse montante de l'os maxillaire. Les bords sont tuméfiés et calleux ; la circonférence est en général peu œdématée, mais rouge et mamelonnée ; quelquefois l'ulcère n'a qu'un petit trou, presque obstrué par un ichor séreux qui en découle, et qui est desséché par le contact de l'air. Dans plusieurs cas, on remarque deux ou trois ouvertures au lieu d'une. Si la suppuration et la nécrose de l'os ont eu lieu, un pus sanguinolent et fétide coule par les ouvertures qui communiquent de l'intérieur à l'extérieur : il est urgent dans ce cas d'extraire la dent. Le traitement des fistules dentaires consiste principalement à débarrasser le malade d'un corps qui ne peut que lui nuire, et à favoriser l'exfoliation de l'os nécrose. Pour prévenir les fistules, on n'a qu'à extraire les dents cariées, mobiles ou douloureuses. Si l'affection persiste même après l'extraction, on fait le même traitement que dans le cas d'ulcères fistuleux des os.

FLUX NOIR. Substance qu'on emploie très souvent en métallurgie, pour faciliter et accélérer la fonte des métaux. On obtient le *flux noir*, en faisant détourner ensemble deux parties de nitrate de potasse, et deux parties de tartre rouge.

FLUX DIARRHÉIQUE-VOMISSEMENT. Le flux, dit M. Quersent, se rencontre quelquefois seul ; mais le plus souvent le vomissement coïncide avec lui, et lui succède promptement ; de sorte, que dans la plupart des cas, l'une de ces maladies n'est que le premier degré de l'autre ; leur marche présente des variations ; les vomissements sont tantôt éloignés les uns des autres, ce qui est en général un symptôme favorable. Dans quelques cas, le flux diarrhéique précède de plusieurs jours le vomissement ; d'autres fois le flux et la diarrhée surviennent presque en même temps, et l'enfant périt dans l'espace de quelques jours. Pour arrêter les progrès du mal, on a recours aux émollients, aux lavements, aux cataplasmes, aux bains, aux douches de vapeurs émollientes. Dans les cas de prostration, on applique sur les extrémités, à la nuque, et même sur le ventre, des sinapismes et des vésicatoires.

FOETUS (*état des dents chez le*). Chez le fœtus, les mâchoires sont fermées le long de leur bord libre; mais dans l'intérieur, il existe une rangée de petits follicules membraneux contenus dans les alvéoles, et isolés par de minces cloisons. Ces petits follicules ont pour enveloppe une membrane séreuse, et contiennent une pulpe située à l'extrémité des vaisseaux et des nerfs qui les pénètrent.

FOLIE. La première dentition, en causant des convulsions aux enfants, prédispose à la folie ; l'éruption des dents tardives a aussi quelquefois provoqué cette cruelle maladie.

FONGUEUX (du latin *fungus,* champignon). On donne ce nom à des ulcères dont la surface se couvre de végétations celluleuses et vasculaires ; dans plusieurs cas d'odontalgies, on rencontre cette espèce d'ulcères.

FUNGUS. Expression empruntée des Latins pour désigner les tumeurs charnues qu'on a comparées à des champignons ; le scorbut engendre ordinairement le *fungus* dentaire.

FORET. Petite broche d'acier taillée en fer à lance, à l'une de ses extrémités, pour pouvoir percer les plaques. On se sert d'un archet pour le faire tourner avec le degré de vitesse qu'on désire.

FORGE. Les forges des dentistes, qui pratiquent encore l'ancienne odontotechnie, doivent ressembler à celles des bijoutiers ; elles sont indispensables pour les professeurs de prothèse qui veulent confectionner ou préparer eux-mêmes une foule d'objets relatifs à leur art.

FOUR (*à émailler*). Il est construit en briques posées à plat et en travers ; sa hauteur ne dépasse pas 1 mètre 50 centimètres ; son foyer doit être plus ou moins large, plus ou moins profond, selon les besoins. Une seule brique porte sur ce foyer, qu'elle dépasse de chaque côté ; elle est destinée à former le devant du four, dont la disposition est telle, que l'on peut, non-seulement faire entrer ou sortir les diverses pièces à émailler, mais encore surveiller la fusion du métal.

FOURNEAU DE DENTISTE. On en a de plusieurs grandeurs, de 90 à 97 millimètres de diamètre ; ils sont le plus souvent de terre cuite, et on les garnit de braise de boulanger toutes les fois qu'on veut s'en servir.

FOSSE. Cavité plus ou moins profonde, dont l'ouverture est toujours plus large que le fond.

FOSSE PALATINE. Nom par lequel on désigne tantôt la voûte palatine seulement, tantôt la cavité proprement dite de la bouche, depuis la base de l'arcade dentaire, jusqu'au voile du palais.

FOSSES CANINES. Larges cavités plus ou moins profondes, suivant les sujets, creusées à la face externe des os maxillaires supérieurs. On les appelle ainsi, parce qu'elles se trouvent immédiatement sur les canines.

FRACTURE, ou solution de continuité des os produits ordinairement par une violence extérieure contondante, et quelquefois par la contraction forte et subite des muscles : ces deux causes occasionnent pareillement toutes les fractures des os dentaires.

FRACTURE (*des dents*). Elle diffère de l'*entamure*, en ce que la lésion est plus considérable ; elle a ordinairement son siége à la couronne, au collet, ou à la racine de la dent ; elle est tantôt partielle, tantôt elle affecte la dent dans toute son étendue. Un coup violent, une chûte, et toutes les maladies qui rendent les dents plus friables, sont autant de causes qui déterminent la fracture. Les dents affaiblies par la carie sont plus sujettes que les autres à se fracturer.

FRAISE. Meule d'acier dentelée, de différentes formes, dont les aspérités creusent les pièces d'hippopotame que l'on veut évider ; son diamètre varie ; sa forme est cylindrique ou ovale ; mais le plus souvent cette meule a la forme d'un cône, comme le fruit dont il porte le nom.

FRAISER. Faire un enfoncement pour noyer la tête d'un clou ou d'une vis.

FRAGMENT. On donne ce nom aux différentes parties un peu volumineuses d'un os fracturé ; on dit fragment de dent, de racine dentaire.

FREIN (*dentaire*). (Voyez *filets*).

FRICTIONS. La pratique de frotter les gencives des enfants avec le doigt, recommandée par plusieurs auteurs, est justifiée par l'expérience. Les frictions, loin de leur déplaire, semblent au contraire apaiser la démangeaison qu'ils éprouvent continuellement dans la région maxillaire.

FROID (*son influence sur les dents*). Rien n'est plus nuisible aux dents que le froid, dit Hippocrate dans son

18e aphorisme. Il existe un vieux proverbe qu'on répète dans tous les repas, et qui sert de base de conduite à plusieurs personnes.—*Prendre un verre de vin sitôt après sa soupe, c'est enlever un écu de la bourse de son médecin.* Un auteur riposte avec raison : — *C'est mettre six francs dans la poche de son dentiste.* Les plus habiles praticiens pensent que la transition subite du chaud au froid nuit surtout aux dents, brise l'émail, et engendre la carie, en exposant à l'air la partie sensible de la substance dentaire. Dans le Nord, les jeunes personnes perdent leurs dents à la fleur de l'âge, parce qu'elles prennent du thé et du café très chaud. Il faut bien se garder de boire froid après avoir mangé des aliments soumis à une haute température : les glaces et les sorbets congèlent les dents ; la trop grande chaleur les brûle.

FUMIGATION. Action de réduire une ou plusieurs substance en vapeur ou en gaz, soit par l'évaporation à l'aide de la chaleur, soit par la combustion, et de les diriger vers une partie du corps. L'art dentaire conseille d'employer les fumigations contre les odontalgies occasionnées par la suppression de transpiration (vulgairement coup d'air) : le malade couvre sa tête de linge, et reçoit la fumée d'un vase placé dessous.

FUSIBILITE. Propriété que présentent certains corps, et particulièrement les métaux, de devenir liquides quand on les élève à une haute température.

G

GANGLIFORME (qui a la forme du ganglion). On désigne ainsi des renflements qui s'observent le long du trajet de certains nerfs ; il existe de semblables gonflements dans les rameaux de la troisième branche des trijumeaux, qui sont à la grande maxillaire.

GANGRÈNE (*des gencives*). Cette maladie est plus communément connue sous le nom de *pourriture des gencives*. Cette affection, pernicieuse dans sa nature, redoutable dans ses effets, attaque surtout les enfants et les adultes soumis aux influences d'un air vicié, d'une mauvaise nourriture : les enfants qui en sont atteints ont le visage bouffi ; les gencives deviennent saignantes, douloureuses, et l'haleine est d'une odeur insupportable : cette gangrène est presque toujours mortelle chez les enfants. Les soins, la propreté, une bonne nourriture, des lieux bien aérés sont les meilleurs préservatifs.

GARGARISME (du verbe grec *gargarizein*, gargariser). On nomme ainsi les médicaments liquides qu'on emploie contre les affections de la gorge ou de la bouche seulement. Pour se servir d'un gargarisme, on met un peu de ce médicament dans la bouche, puis on renverse la tête en arrière, de manière à faire avancer la liqueur vers la gorge ; et, au moment où elle va tomber dans le pharynx, on repousse doucement l'air que contiennent les poumons contre le voile du palais.

Gargarismes toniques composés avec des substances amères et styptiques ; ils déterminent un resserrement fibillaire dans toutes les parties de la bouche. On les emploie contre le scorbut.

Gargarismes *excitants* composés de principes âcres, volatils et aromatiques ; ils augmentent la sécrétion salivaire et raffermissent les gencives.

Gargarismes irritants. On ne doit s'en servir que très rarement, et dans les cas d'affections putrides.

9

Gargarismes émollients. Curatifs excellents contre toutes les affections inflammatoires de la bouche.

Gargarisme narcotique, dont l'opium forme la base. On s'en sert avec avantage pour calmer l'irritation de la bouche dans la salivation mercurielle.

Gargarismes tempérants. Composé de sucs de végétaux, ils répriment la trop grande activité des vaisseaux capillaires qui recouvrent la membrane muqueuse de la bouche et de la gorge.

GARGARISME (de Puarin). On s'en sert comme spécifique dans les cas de paralysie de la langue.

INGRÉDIENTS :

Racine de pyrèthre pulvérisée. .	4 gram.		
Muriate d'ammoniaque.	7 »	82 centigram.	
Eau de sauge.	250 »		
Esprit de cochléaria.	24 »	48	»

Laissez infuser toute la nuit; le lendemain coulez et ajoutez 16 grammes de miel. Donnez au malade pour s'en laver la bouche à de courts intervalles.

GARGARISME (pour les enfants qui ont des aphthes). Il se compose de sirop de mûres, roses sèches, de grenades, étendu dans une quantité d'eau d'orge et de plantin, dans lequel on trempera souvent un petit tampon de linge fin qu'on donnera à sucer aux petits enfants.

GARGARISME ASTRINGENT (de Parmentier, membre de l'Institut). On s'en sert particulièrement lorsqu'on a les gencives fongueuses et engorgées. Il faut, par prudence,

avant de l'employer, faire bien saigner les gencives avec
un cure-dent.

Écorce de chêne.	31 gram. 25 centigram.	
Eau de rivière.	500 »	
Sulfate, acide d'alumine.	3 » 61	»
Miel rosat.	3 » 91	»

GAUCHIR. Se dit communément d'une pièce quelconque
qui a pris une fausse direction.

GAZETTES. Petits coffres en terre réfractaire, destinés
à recevoir les dents incorruptibles que l'on fait cuire dans
les fours à porcelaine.

GENCIVES (*séméiotique*). Lorsque, pendant le traitement
des maladies vénériennes, le mercure se porte aux gencives, les malades éprouvent un picotement assez pénible.

Le prurit des gencives, chez les enfants, est un signe de
dentition.

Le saignement fréquent des gencives annonce faiblesse
dans les fonctions de l'estomac.

Les gencives saignantes avec le ventre lâche, sont un
signe funeste.

Les scorbutiques sentent des démangeaisons continuelles
dans les gencives.

Dans les fièvres adynamiques, les gencives sont plus
rouges, ou brunes et même noirâtres.

GENCIVES (*maladie des*). Les gencives, dit le célèbre

Fox, sont une substance semi-cartilagineuse, très vasculaire, éminemment susceptible de contraction. La moindre inflammation occasionnée par le froid les irrite, les gonfle et altère la solidité de leur tissu qui devient spongieux. Elles sont sujettes à certaines affections qui leurs sont particulières. Tantôt, elles deviennent le sièges d'aphthes, d'excoriations, de fistules, d'ulcères. Tantôt, elles diminuent de volume, de telle sorte qu'elles recouvrent à peine les bords alvéolaires; ou bien elles s'engorgent, se gonflent, au point de donner naissance à des excroissances charnues, qu'il est souvent difficile de faire disparaître.

Les maladies des gencives se divisent en trois catégories principales :

1° Inflammations ;

2° Gonflements ;

3° Ulcérations ou *fongus*.

GÉNIO-GLOSSE. On appelle ainsi un muscle pair, placé derrière la mâchoire diacranienne, à la partie supérieure et antérieure du col.

GÉNIO-HYOIDIEN. Muscle situé à la partie antérieure et supérieure du col. Il sert à élever l'hyoïde et à le porter en avant ; il peut aussi contribuer à l'abaissement de la mâchoire inférieure.

GERME. Machine organisée, parfaite à tous égards, qui ne peut être modifiée que par le développement, ou par formation originelle, dont un tout organique peut résulter comme de son principe immédiat. On distingue chez le fœtus les germes des dents.

GLOSSALGIE (*glossalgiuia*). Névralgie linguale ; affection douloureuse dans l'organe du goût et de la parole. Les glossalgies sont souvent déterminées par certains cas d'odontalgie, par le contact de la langue avec des dents fracturées, etc., etc.

GOMME. Un des principes immédiats des végétaux ; la gomme peut être considérée comme une substance alimentaire et médicinale. L'art dentaire l'emploie surtout pour la composition des dentifrices et opiats.

GOMPHOSE. Articulation sans mouvement qui consiste en ce qu'un os entre et pénètre dans une cavité d'un autre os, et y est retenu comme un arbre l'est à terre par ses racines : cette affection est si rare qu'on n'en connaît qu'un seul exemple chez l'homme. — C'est celui de l'insertion des dents dans les cavités alvéolaires des deux mâchoires.

GONFLEMENT (*inflatio*). Augmentation de volume, sans transformation de tissu, qu'acquièrent les diverses parties du corps, en raison d'une cause qui agit sur elles, soit chimiquement, soit d'une manière purement mécanique. Les gonflements qui surviennent à la bouche, connus sous le nom de *fluxions,* d'*abcès,* sont déterminés par l'inflammation des parties, par l'impression atmosphérique, par une cause mécanique qui détermine un afflux d'humeurs par l'irritation qu'elle provoque.

GONFLEMENT (*inflammatoire et douloureux des gencives*). Pendant le travail de la dentition, le tissu des gencives devient très tendu, presque violet, sec et luisant ; il est accompagné de rougeur des pommettes, de tuméfaction du visage, d'une soif ardente. Le petit nourrisson est dans un accablement interrompu par des cris, des soubresauts ; la fièvre est continue ou intermittente. On doit recourir aux sédatifs, mais surtout au lait d'une bonne nourrice.

GORGE (*guttur, jugulum*). Partie antérieure du cou qui correspond au larynx et à l'arrière-bouche. Les odontalgies déterminent quelquefois le mal de gorge, et *vice versà*.

GOSIER (*gula*). Partie supérieure du conduit par où passent les aliments pour descendre dans l'estomac.

GOUPILLES. Petites tiges en métal dont se servent les dentistes qui suivent l'ancien système pour fixer les plaques et les ressorts.

GOUT. L'un des cinq sens, celui qui donne la notion des saveurs, des qualités sapides des corps. Le goût réside spécialement sur la langue, ou mieux, sur la membrane nerveuse qui est étalée à la face supérieure de cet organe musculaire. Plusieurs affections buccales et notamment le scorbut détruisent le goût au point qu'on ne sait plus reconnaître les saveurs des aliments. Le goût et ses aberrations exercent parfois une influence funeste sur l'organisation dentaire (Voir *Hygiène*).

GOUTTES CALMANTES. Quelques dentistes les emploient comme un remède très efficace contre les maux de dents produits par la carie ou toute autre affection buccale. Après avoir nettoyé avec le plus grand soin la dent cariée, on introduit un morceau de coton imbibé d'une ou de deux de ces gouttes, en prenant la précaution d'humecter seulement la dent malade.

Voir le tableau ci-contre.

INGRÉDIENTS :

Alcool à 40 degrés.	94 gram.		
Éther sulfurique.	31 »	25 centigram.
Laudanum liquide.	31 »	25 »
Baume du commandeur.	31 »	25 »
Baume de la Mecque.	11 »	72 »
Baume de tolu..	11 »	72 »
Essence de girofle.	11 »	72 »

Il faut conserver cette liqueur hermétiquement fermée.

GRATTOIR. On désigne sous ce nom divers instruments de chirurgie (Voir *Rugine*).

GUÉRISON (*sanatio*). Rétablissement complet de la santé. Il ne faut pas confondre guérison avec soulagement qui n'est qu'une cessation momentanée de la maladie.

GUIMAUVE (*althœa*). Genre de plante de la famille des malvacées, dont la racine est pivotante, branchue, grosse comme le doigt, d'un blanc grisâtre en dehors. De toutes les substances végétales connues, la guimauve est la plus riche en mucilage : l'art dentaire s'en sert beaucoup pour les lotions, les gargarismes et les dentifrices. Le sirop de guimauve est un excellent remède contre les inflammations aux gencives.

GUSTATION. Exercice du sens du goût, action de goûter, de reconnaître la saveur des aliments.

GUTTURAL. Qui appartient, qui a rapport au gosier. La *fosse* ou *région gutturale* est la partie moyenne de l'ovale inférieur de la tête osseuse; elle va d'un angle de la mâchoire à l'autre, jusqu'au grand trou occipital.

GUTTURO-PALATIN. M. Chaussier appelle ainsi un rameau émané du ganglion sphéno-palatin, qu'on nommait autrefois palatin postérieur.

H

HABITATIONS (*leur influence sur l'organisation buccale*). La position des maisons ou habitations est souvent la cause principale de plusieurs affections dentaires ; celles qui sont placées près des étangs en reçoivent des émanations mal saines ; celles qui sont trop basses, ne sont pas bien aérées ; celles qui sont trop étroites, n'ont pas l'espace nécessaire, et les miasmes de la nuit sont très nuisibles aux dents. Je pose comme principe d'hygiène dentaire que la première condition de toute habitation est d'être spacieuse, bien aérée, située à une assez grande distance des cours d'eau, des étangs, et surtout des marais.

HALEINE (*forte*). Les médecins et les poètes de l'antiquité recommandaient aux jeunes gens, et surtout aux jeunes filles, de ne rien négliger pour tenir leur bouche dans un état de propreté continuelle. Cette précaution leur paraissait nécessaire, non-seulement pour conserver les dents, mais encore pour empêcher la mauvaise odeur qu'exhale ordinairement une bouche mal soignée. Ovide dit que les parfums sont impuissants contre les exhalaisons fétides. L'haleine forte tient quelquefois à d'autres causes, mais elle provient le plus souvent de la malpropreté des dents et de la bouche.

HERBE (*aux cure-dents*). Cette plante, qui croît en Espagne et dans le midi de la France, n'a véritablement aucune propriété curative ; mais, lorsque les rayons de ses

ombelles sont devenus secs, on en fabrique des cure-
dents, dont on fait grand usage en Espagne ; ils ont une
odeur agréable ; sont lisses, de couleur jaunâtre.

HERBE SAINTE. Au xvi° siècle, quelques prôneurs
donnaient au tabac cette dénomination ridicule.

HERBIVORES. L'organisation des herbivores diffère essentiellement de celle des carnivores. Les premiers ont les
dents molaires à couronne plate, avec des lames d'émail
en croissant ou serpentantes ; la plupart des ruminants
manquent d'incisives à la mâchoire supérieure, et de canines ou laniaires. Les mâchoires des herbivores sont plus
alongées, moins fortement articulées que celles des carnivores. L'homme est placé entre les deux extrêmes : il est
omnivore, et son organisation buccale se prête à ces deux
besoins.

HÉRÉDITAIRE. Disposition organique que les parents,
qui ont été atteints de maladies, transmettent à leurs enfants par voie de génération. Il est un grand nombre d'affections buccales qui sont héréditaires, surtout dans certains climats.

HÉMORRAGIE. C'est un des plus graves accidents qui
résultent de l'extraction d'une dent ; la grosseur, la situa-
tion, la forme de la dent arrachée, la disposition des vaisseaux en sont les causes ordinaires. L'hémorragie ne se
manifeste quelquefois que quelques heures après l'extraction ; dans plusieurs cas, il serait imprudent de l'arrêter
avec trop de précipitation. Le plus souvent on se sert de
gargarismes un peu acidulés, de bains de pieds. Dans les
cas d'hémorragie opiniâtre, quelques dentistes se servent
de bourdonnets de coton imbibés d'eau acidulée, de morceaux d'amadou ou d'agaric soupoudrés de gomme arabi-

que très fine. Dans les cas extrêmes, on a recours à la cautérisation, au *tamponnement* avec de la cire molle.

HÉMORRAGIE. Écoulement de sang qui a son siége dans les organes intérieurs de l'économie animale. L'extraction dentaire est ordinairement suivie d'hémorragies, qu'on arrête par des styptiques, par la cautérisation ou la compression.

HIPPOPOTAME. On emploie depuis quelques années seulement l'hippopotame, ou cheval marin, pour fabriquer des pièces artificielles. Cette substance, qui nous vient d'Afrique et d'Asie, est infiniment supérieure à l'ivoire. Si on veut que la dent artificielle soit parfaitement émaillée, il faut choisir un morceau d'hippopotame d'une blancheur éclatante, sans sillons, ni gerçures. Les dents de cheval marin se fendent au soleil, à la chaleur du feu, et même au grand air; pour les conserver intactes, il faut les tenir dans un lieu humide et à l'abri de l'air extérieur.

HOCHET. Il a ses partisans et ses détracteurs. Si dans les premiers moments du travail des dents, on donne un hochet à un enfant, il le mord sans cesse, appuie fortement ses gencives contre ce corps dur, ce qui les rend susceptibles de résister plus longtemps à la dent qui tend a les percer; il vaut mieux se borner aux émollients. On doit recourir au hochet lorsque les dents ont suffisamment aminci les gencives : le hochet en caoutchouc est préférable à tout autre.

HOUBLON (*humulus lupulus*), plante de la dioécie pentandrée. Les cônes du houblon ont un principe amer; on en fait des infusions théiformes, qu'on emploie avec succès dans les affections scorbutiques. Le houblon entre aussi dans la composition de plusieurs opiats et élixirs odontalgiques.

HOUPPE. Muscle qui occupe le menton et qui contribue à former l'élévation qu'on y observe. Étendu de la mâchoire inférieure à la peau du menton, il a la forme d'une houppe à poudrer ; en se contractant, il relève la lèvre supérieure, et fronce la peau du menton. Dumas et Chaussier l'ont confondu avec le carré, dans leur mento-labial.

HUMEURS (*kumoi*). On appelle ainsi les différents fluides qui entrent dans la composition du corps de l'homme, et qui en forment la partie la plus considérable. *Humeurs morbides ;* il est de toute certitude que l'état de maladie engendre des humeurs que ne présente pas le corps humain à l'état de santé : telles que le *pus, ichors, kystes.* Ces humeurs sont tour-à-tour la cause et le résultat de certains cas d'odontalgie.

HYGIÈNE DENTAIRE. *Ensemble de moyens propres à conserver les dents saines et belles.* C'est ainsi que je l'ai défini dans mon *Manuel à l'usage de toutes les classes et professions.*

I

IATRALEPTIQUE. Méthode thérapeutique qui consiste dans l'application des médicaments à l'extérieur, par la voie des frictions, pour en obtenir les mêmes effets sur les fonctions des organes, que lorsqu'on l'administre intérieurement. L'art dentaire suit la méthode iatraleptique dans plusieurs cas, et en retire de très grands avantages.

IMBALSAMATION. Synonime d'embaumement (Voir ce mot).

IMMERSION ou action de plonger un corps dans un liquide quelconque : ce mot, dans son acception médicale, signifie plonger un homme dans l'eau pour produire sur lui un effet déterminé. Les immersions ou les bains sont recommandés dans les inflammations odontalgiques; mais le plus souvent l'eau est funeste à la conservation de la denture.

IMITATION DES GENCIVES EN ÉMAIL. Il arrive souvent que la perte de substance du système alvéolaire est si considérable, qu'il faut de toute nécessité la remplacer : le seul moyen d'y parvenir, c'est de figurer les gencives sur la pièce artificielle. Lorsque cette pièce terminée s'adapte convenablement à la bouche, on imite les gencives sur le socle du dentier en émaillant avec toutes les précautions nécessaires, afin qu'on n'ait pas besoin d'y retoucher.

IMPERFORATION. Maladie ou vice qui consiste dans la clôture d'organes qui naturellement doivent être ouverts. Cet état s'observe souvent au conduit auditif, aux lèvres, aux fosses nasales. Pour opérer les lèvres ou se sert d'un bistouri ou de ciseaux conduits sur une sonde cannelée.

IMPLANTATION (*des dents*). Elle peut être comparée à un levier dont la branche la plus courte est du côté de la couronne, et la plus longue à la racine, implantation qui est d'autant plus solide, qu'il y a un très grand nombre de fibrilles d'un tissu très serré, qui unissent étroitement la racine avec l'alvéole et la gencive. C'est à cette solidité qu'il faut attribuer le succès de ces tours de force que font certains hommes qui soulèvent avec leurs dents les fardeaux les plus lourds.

IMPRESSION. Contact des corps extérieurs sur nos organes, et principalement sur nos sens. Ce contact exerce une influence tantôt salutaire, tantôt funeste sur l'organisation buccale : les émanations des métaux, des marais, l'humidité, le froid, la trop grande chaleur, etc., sont autant de causes délétères.

INCÉRATION. Incorporation de la cire avec une substance colorante ou autre ; on modèle en cire colorée des pièces anatomiques. Pendant quelque temps, des praticiens se sont servi du procédé d'incinération pour poser des dents en cire ; mais ce système n'a duré que peu d'années.

INCISIFS. Remèdes employés contre les odontalgies chroniques.

INCISION. Solution de continuité faites dans les parties molles, par un instrument tranchant. On dit : *Incision des lèvres, incision des gencives.*

INCISION (*des gencives*). On ne doit jamais recourir à ce moyen dans le commencement des accidents causés par une dentition difficile ; c'est un remède extrême qu'on ne doit employer que si l'on voit les gencives opposer trop de densité à la dent qui tend à sortir. On ne doit se déterminer à inciser que lorsque les parties sont très dures, très tendues, et qu'on voit au point du contactde la dent avec la gencive une couleur blanche qui est souvent circonscrite par une vive rougeur.

INCORRUPTIBLES (*dents*). Pendant la seconde moitié du siècle dernier, de savants odontotechnistes, persuadés que les substances animales qu'ils employaient pour fabriquer des dentiers artificiels se décomposaient par la fermentation buccale, imaginèrent de fabriquer des dentiers avec des pâtes minérales. Ils se servirent de kaolin ou terre à porcelaine qui se durcit, se cristallise et se couvre d'émail par la cuisson. Les premières dents en porcelaine, dites *incorrupt bles,* furent fabriquées en 1774 par M. Duchâteau, pharmacien à Saint-Germain-en-Laye. M. Dechemant, denliste de Paris, approuva et perfectionna ce mode de fabrication : il se servit de soude d'alicante, de marne, de cobalte, d'oxyde de fer rouge, de sable de Fontainebleau. En 1788, il obtint un brevet d'invention qui fut bientôt modifié par plusieurs dentistes. Les râteliers incorruptibles jouirent longtemps d'une grande vogue en France et en Angleterre. Mais le procédé a fini par tomber, parce que la porcelaine est très cassante et que la mastication ne peut, par conséquent, se faire sans danger. D'ailleurs, la fabrication elle-même a toujoujours offert des difficultés qu'on a tenté vainement de surmonter. La cuisson raccornit la matière et retient l'empreinte prise avec le moule.

INCURABLE. Qui ne peut être guéri. Trois sortes de causes peuvent rendre une maladie incurable :

1° L'impuissance de l'art ;

2° La nature du mal ;

3° La nécessité de prévenir des maladies plus fâcheuses.

Il y a très peu de maladies buccales incurables : nous pouvons pourtant citer la carie surtout à son dernier période.

INDURATION. Endurcissement qui se manifeste dans le tissu de beaucoup d'organes, à la suite d'inflammations. Plusieurs cas d'odontalgie sont suivis d'*induration* de la partie des gencives qui a été principalement le siège de la douleur.

INFECTION (*sens propre*). Sensation produite sur notre odorat par les odeurs fétides (*sens figuré*) ; action exercée sur notre économie par les particules délétères répandues dans l'air : c'est dans ce dernier sens que nous prenons le mot *infection*. — Les effluves, les *miasmes*, les *émanations putrides* sont très funestes aux organes dentaires et engendrent plusieurs sortes d'odontalgies.

INFERNALE (pierre). Nitrate d'argent fondu dont on se sert pour brûler les excroissances, les plaies baveuses, les bourgeons charnus, etc.

INFLAMMATION (en grec *phlogosis*). Ainsi nommée de la ressemblance de cette maladie avec celle produite par le feu. Le siège ordinaire de l'inflammation est dans le tissu cellulaire. On combat les inflammations dentaires par des gargarismes émollients, des mucilagineux, etc., etc.

INFUSION. Opération qui consiste à mettre des substances médicinales, convenablement préparées, dans un liquide, et à les y laisser séjourner plus ou moins longtemps. Le liquide chargé de ces substances est appelé infusion.

INGRÉDIENT. On donne ce nom aux diverses substances qui entrent dans la préparation d'un médicament composé. On dit : les ingrédients d'un dentifrice, d'un gargarisme.

INOCULATION. M. Bureaud, médecin anglais, cite le fait suivant : — Appelé près d'une jeune dame qui souffrait d'une douleur très vive dans la mâchoire, je proposai l'inoculation de la morphine. La malade y consentit : elle fut d'abord étourdie et comme à demi-ivre. La douleur, suspendue pendant plusieurs heures, reparut dans la journée : on renouvela les piqûres, et la guérison fut permanente.

INSENSIBILITÉ (en grec *apatheia*) ou incapacité d'appercevoir des impressions par des organes naturellement susceptibles d'en ressentir chez l'homme et chez les divers animaux. La carie réduit quelquefois des dents à l'état d'insensibilité, au point qu'elles tombent une à une sans occasioner la moindre douleur.

INSTRUMENT. Moyen auxiliaire employé dans les maladies chirurgicales : les principaux instruments du dentiste sont si nombreux, si variés, qu'il serait trop long de les énumérer ici ; d'ailleurs, les personnes de l'art les connaissent assez, et l'indication serait inutile et même fastidieuse pour les gens qui ne s'occupent pas de prothèse.

INTER-MAXILLAIRE. Nom d'une pièce osseuse, placée comme un coin entre les os sus-maxillaires.

INTERMISSION. Intervalle entre deux accès; soulagement momentané.

INTERSTICE. En anatomie dentaire, on entend par ce mot l'intervalle qui se trouve entre chaque dent.

INVERSION (*des arcades dentaires*). Elle a lieu, lorsque les mâchoires étant trop rapprochées, les dents supérieures se placent derrière les inférieures, et que leurs tubercules même ne peuvent s'engrener régulièrement. On donne vulgairement à cette irrégularité dentaire le nom de *menton de vieillard*. On s'est longtemps servi pour le combattre de cordonnets et ligatures : mais désormais le régulateur-Rogers leur sera substitué avec avantage.

IVOIRE. Pendant deux siècles on a fait avec l'ivoire tantôt des dents partielles, tantôt des dentiers complets; mais comme cette substance, dépourvue d'émail, jaunit très vite dans la bouche, où la salive et le mucus buccal la décomposent, on y a renoncé depuis quelques années. Les dentistes de province, qui ne peuvent pas se procurer des matières de première qualité, doivent employer de préférence l'ivoire qui occupe le centre de la dent, ce qui est le plus voisin de la pointe. L'ivoire *vert,* qui provient de l'animal récemment tué, est encore préférable.

IVOIRE (*des dents de l'homme*). L'ivoire de la dent humaine, n'est pas un os, quoiqu'il ait la même composition chimique : il est composé de couches intimement appliquées les unes sur les autres et durcies chacune au moment de la formation : on n'y voit ni pores, ni suc médullaire : il ne se résout point en tissu cellulaire, ni en mailles.

IVOIRE (*des dents, mode d'accroissement*). L'ivoire forme le corps solide de la dent : il paraît d'abord en petites lames posées au sommet de la véhicule, sans y adhérer autrement que par la pression de la membrane qui forme l'alvéole. Ces lames augmentent en largeur et en épaisseur : elles se réunissent ensuite pour former une espèce de calotte, où chaque petite lame primitive représente un des tubercules que cette calotte doit offrir. La calotte augmente aussi en épaisseur, par l'accession des nouvelles lames qui transsudent toujours du noyau ; mais à mesure que les lances s'y ajoutent, comme en s'élargissant, elles sont obligées de suivre la forme du noyau, puisqu'elles sont toujours pressées entre lui et l'alvéole, la calotte devient concave, elle descend le long des côtes du noyau, elle forme le fût cylindrique de la dent et bientôt la racine. Chaque lame, dès l'instant où elle est transsudée, est aussi dure qu'elle doit le rester ; une fois faite, elle ne change plus, elle n'a pas de vie organique proprement dite. La dent une fois formée est tellement indépendante des changements qui peuvent arriver dans le système osseux, qu'elle reste intacte, même lorsque les os se ramollissent. Pendant que le corps solide de la dent s'épaissit, il se couvre d'émail par une autre transsudation qui provient des parois des alvéoles. L'émail se dépose d'abord sur les premières lames, et ensuite sur les autres : il s'y dépose par gouttes qui, en se durcissant et en se pressant mutuellement, donnent les filets perpendiculaires dont l'émail se compose.

J

JUMEAUX (*muscles*). Branche maxillaire (*supérieure*).
Elle naît de la partie moyenne du renflement commun aux
deux trijumaux, se dirige de derrière en devant, et un peu
de haut en dehors vers le grand trou rond ou maxillaire
supérieur du phénoïde qui le transmet hors du crâne.

Rameaux palatins. Ils descendent au-devant de l'apophyse ptérogoïde, et s'engagent bientôt dans le canal palatin postérieur.

JOUE (grec *guenos* de *guénéion*, barbe). Situées aux
parties latérales et un peu antérieures du visage, les joues
formant la plus grande partie de la figure humaine, et con-
stituant les parois de la bouche.

Extérieur des joues. Dans leur partie extérieure, les
joues sont circonscrites en avant, par le nez, la lèvre supérieure, la commissure des lèvres, la lèvre inférieure et le
menton.

En arrière, par l'oreille et le bord postérieur des branches de la mâchoire.

En haut, par la paupière inférieure et la tempe.

En bas, par le bord inférieur du corps de la mâchoire.

A leur face buccale, les joues sont limitées supérieure-
ment et inférieurement par la base des gencives ou des arcades alvéolaires.

Antérieurement, par les lèvres et leur commissure.

Postérieurement, elles se terminent au bord antérieur de
la branche de la mâchoire inférieure qui forme une saillie

par laquelle la joue est séparée de l'isthme du gosier.

Anatomie des joues. Les parties qui composent les joues
sont :

Une portion de téguments ;

Plusieurs muscles du tissu cellulaire ;

Une partie de la membrane muqueuse qui tapisse la cavité de la bouche ;

Des nerfs ;

Des vaisseaux sanguins et lymphatiques ;

Des glandes.

Peau des joues. La peau ou portion de téguments qui
recouvre les joues est plus fine et plus douce que dans les
autres parties du corps ; elle est surtout remarquable par
un système capillaire où le sang pénètre avec une extrême
facilité.

Muscles des joues. Les muscles qui se trouvent dans l'é-
paisseur sont :

Le buccinateur ;

Le nasseter ;

Le grand et le petit zigomatiques ;

Une portion du peaucier.

Tissu cellulaire des joues. Il est lâche, abondant et d'une
nature graisseuse ; il approche davantage du buccinateur.

Membrane muqueuse des joues. Elle se trouve à la face
interne de la joue : elle est beaucoup plus mince que dans
les autres parties de la bouche.

Nerfs des joues. Les joues reçoivent leurs nerfs du

maxillaire supérieur, du maxillaire inférieur, du sous-orbitaire, et surtout de la portion dure du septième paire.

Artères des joues. Elles viennent de la labiale, de la transversale de la face de la buccale, de l'alvéolaire supérieure et de la sous-orbitaire.

Vaisseaux lymphatiques des joues. Ils se rendent dans les glandes jugulaires supérieures.

Glandes des joues. Les buccales, les molaires et la parotide.

Maladies des joues. Les principales sont :

1° Les fluxions ou engorgements qui surviennent surtout à la suite des douleurs des dents (Voir le mot *Odontalgie*).

2° Les fistules salivaires (Voir le mot *Fistules*).

3° Les différentes plaies dont les joues peuvent être atteintes.

Plaies des joues. Lorsque dans une plaie, le conduit salivaire est intéressé, on doit pratiquer à l'extérieur la sature entortillée avec la plus grande exactitude, pour que la fistule soit intérieure.— Si la joue n'est pas divisée complètement, et que cependant le conduit salivaire soit coupé, il faut inciser le reste de la joue, et après avoir ainsi rendu la plaie pénétrante, la réunir à l'extérieur. — Lorsque dans une plaie, la glande parotide a été entamée et que la salivation et la suppuration sont abondantes, on doit, pour prévenir la fistule, faire observer le plus parfait repos à la mâchoire, et exercer sur la plaie une forte compression afin d'effacer les petits conduits excréteurs qui naissent des grains glanduleux. — Dans les cas de plaie avec déchirure, par un instrument contondant, il faut rempl'r les indications générales de la chirurgie.

Séméiotique des joues. La couleur des joues est pour les

médecins un signe certain de quelques affections aiguës ou chroniques : leur inspection peut aussi fournir aux dentistes d'excellentes données. Dans la névralgie sous-orbitaire, par exemple, la joue qui reçoit un grand nombre de filets du nerf affecté est le siège d'une partie de la douleur. — Lorsqu'il y a hémiphlégie, la joue du côté sain est plus ou moins contournée. Dans le tétanos, les joues sont tirées en arrière et en haut.

K

KAOLIN (*ou terre à porcelaine*). Très friable, happant un peu à la langue et infusible au chalumeau. Le kaolin entre dans la composition de la porcelaine, dont il est une des bases principales et dans la confection des dentiers dits incorruptibles.

KARATS. Poids fictifs pour déterminer le titre des métaux. Le karat d'or se divise en trente-deux parties, qui n'ont d'autre nom que celui de 32e de karat. Ces 32es sont des poids proportionnels et relatifs, comme le karat lui-même.

KERATO-GLOSSE (des mots grecs *kera* et *glóssa, corne, langue*). Portion du muscle hyo-glosse qui s'attache aux cornes de l'hyoïde.

KINO. Gomme anti-hémorrhagique, dont on peut se servir avec avantage après l'extraction des dents.

KYSTE. Tumeur, abcès.

L

LABIAL. Nom donné aux diverses parties des lèvres.

LABIAL (*muscle*). On appelle muscle labial, ou sous-orbitaire, le faisceau charnu qui occupe l'épaisseur de chaque
lèvre ; il est très adhérent à la peau qui le recouvre ; il est
moins étroitement uni à la membrane muqueuse et aux
glandes buccales auxquelles il correspond intérieurement.

LABIALE (*artère*). Dans son cours, cette artère fournit
divers rameaux externes et internes, qui se distribuent aux
muscles environnants.

LAGOSTOME (des mots grec *lagos et stoma*). Synonime
de bec de lièvre ; difformité buccale.

LE LAIT (*de femme*) est quelquefois employé comme un
topique adoucissant ; on s'en sert assez souvent en gargarisme pour calmer les douleurs de dents.

Wan Swiéten recommande beaucoup un mélange de
crème fraîche, de jaune d'œuf et de sirop de violette, dé-
layé dans une quantité suffisante d'eau distillée de roses,
pour remédier à l'inflammation des gencives.

LAMELLEUX. Composé de lames ; en médecine, on donne
ce nom au tissu cellulaire. Le professeur de prothèse donne
cette dénomination aux diverses couches osseuses dont se
composent les dents. La partie cornue et l'émail sont lamelleux, c'est-à-dire composé de lames superposées.

LAMPE A SOUDER. Cette lampe se compose d'un bassin
rond et ovale, et d'une espèce de colonne surmontée d'un ré

servoir, dans lequel on met de l'huile et une très grosse mè-
che, afin d'avoir beaucoup de flamme quand on veut toucher
des parties ensemble.

LANCETTE (*lanceola*). Petite lance, petit instrument de
chirurgie, composé d'une lame à deux tranchants, et destinée spécialement à l'ouverture des veines. L'art dentaire
se sert rarement de lancettes.

LANCINANT (en latin *lancinans*). Terme pathologique,
pour désigner une douleur qui se manifeste par des élancements qui correspondent à la pulsation des artères. Cette
douleur survient principalement dans les parties où se distribuent plusieurs ramifications de nerfs. Dans les inflammations dentaires, la douleur lancinante est le symptôme qui
annonce le passage à la suppuration.

LANGUE DE CARPE. Instrument dont se servent encore
quelques dentistes pour faire l'extraction des dents de sagesse : la langue de carpe s'adapte très bien au manche de
la clé-Garangeot.

LANGUE (*lingua*, en grec *glóssa*). Partie charnue située
à l'intérieur de la bouche, dont elle remplit la cavité ; de
grandeur invariable, symétrique dans sa composition,
aplatie de haut en bas, étroite dans sa partie antérieure,
large dans sa partie postérieure, offrant des bord libres
et arrondis : la langue est l'organe principal du goût.

La langue a deux faces, deux bords, une base et un sommet qu'on appelle *pointe*.

Des deux faces : l'une est supérieure, l'autre inférieure.
La face supérieure, qu'on appelle aussi *dos* de la langue,
présente dans son milieu et dans toute sa longueur un léger sillon, qu'on nomme *ligne médiane*. A l'extrémité postérieure de ce sillon, on voit le *trou aveugle* de Morgagny,

espèce d'orifice commun à plusieurs des follicules muqueux qui sont situés dans l'épaisseur de la peau, ou membrane qui environne cet organe : toute cette surface présente un grand nombre d'éminences ou tubercules variables par leur volume et leur forme.

On nomme ces tubercules les *papilles*, et on en distingue trois espèces :

En arrière, vers la base de l'organe, se trouvent les *papilles muqueus s* rangées sur deux lignes formant un V, dont la pointe serait en arrière ; ces papilles sont volumineuses, aplaties, et percées à leur centre d'une ouverture destinée à livrer passage à la matière muqueuse salivaire qu'elles secrètent.

Celles de la seconde sont les *papilles fongiformes ;* elles occupent la partie moyenne et postérieure de la langue, et ont la forme d'un champignon, dont le pédicule, tourné en bas, est logé dans un enfoncement.

Celles de la troisième espèce, connues sous le nom de *papilles coniques,* parce qu'elles s'élèvent en forme de petits cônes, se trouvent principalement vers la partie antérieure et sur les côtés de la langue.

La face inférieure de la langue a moins d'étendue que la supérieure ; comme cette dernière, elle offre à sa partie moyenne et dans le sens de la longueur de la langue, un sillon borné par deux saillies qui répondent aux muscles linguaux, et sur lesquels on voit deux bleuâtres qui indiquent le trajet des veines narines.

A la partie postérieure de ce sillon, s'attache un repli membraneux auquel on donne le nom de frein ou de filet ; ce repli est de forme triangulaire, aplati tranversalement : ses faces latérales sont libres, ainsi que son bord antérieur ; son bord supérieur est adhérent, à la langue et l'inférieur à la paroi inférieure de la bouche : il sert à régulariser les mouvements de la langue en les imitant. Lorsqu'il s'étend trop près du bout de cet organe, il en gêne les mouvements, s'oppose à la prononciation, et même à la succion du mamelon ; ce qui oblige de le couper.

Les bords latéraux de la langue sont plus épais en arrière qu'en avant.

Des muscles, des artères, des veines, des vaisseaux sympathiques et des nerfs entrent dans la composition de la langue.

Ses muscles sont distingués en extrinsèques et intrinsèques. Les premiers sont les *hyoglosses,* les *génioglosses* et les *styloglosses.*

Les artères de la langue sont fournies par la carotide interne, et on les désigne sous le nom de *linguales.*

Ses veines sont la veine superficielle de la langue, la canine, la linguale et la submentale : elles se rendent toutes à la veine jugulaire interne.

Ses nerfs sont fournis : les uns par la neuvième paire, les autres par le nerf glosso-pharyngien de la huitième paire, et par la branche linguale du nerf maxillaire inférieur.

La langue, comme toutes autres parties du corps humain peut être le siége d'affections pathologiques variées, qui réclament l'opération de la main ou des moyens pharmaceutiques.

La langue est sujette à des ulcérations douloureuses causées et entretenues par des dents cariées ou par des pointes osseuses. Il suffit alors d'extraire la dent, ou de limer l'esquille, pour obtenir la guérison : à des aphthes, au squirre, au cancer. Mais les ulcérations causées par les pointes osseuses entrent seules dans le domaine de l'art dentaire ; les autres appartiennent à la chirurgie proprement dite.

LARMOIEMENT. Écoulement involontaire des larmes; cette affection a pour cause, soit une atonie des points lacrymaux, soit obstruction des conduits lacrymaux ou du canal nasal : souvent aussi elle est le résultat d'odontalgies aiguës.

LARYNGIEN. Qui tient au larynx.

LARYNGOLOGIE. Partie de l'anatomie qui traite du larynx : elle entre dans les attributions du dentiste qui doit connaître généralement toutes les affections buccales.

LARYNX (du grec *larugx*). Organe cartilagineux situé à la partie supérieure et antérieure du cou, entre la base de la langue et la trachée-artère; il sert à donner passage à l'air qui va aux poumons ou en revient; il participe principalement à la formation de la voix : il est beaucoup plus grand dans l'homme que dans la femme.

LAURIER-CERISE, arbrisseau de la grande famille des rosacées; on se sert de ses feuilles pour faire des infusions qui calment les odontalgies nerveuses.

LAVANDE (*lavandula*). Genre de plantes dicotiledones, de la famille naturelle des labiées, et de la didynamie gymnospermie du système de Linnée. La lavande est d'un grand usage pour la composition des opiats et dentifrices.

LAXATIF. Nom donné aux médicaments qui ont la propriété de relâcher, d'amollir ; on emploie les laxatifs surtout pour favoriser la première dentition chez les enfants. Les substances naturelles que l'on emploie pour produire un effet laxatif, appartiennent toutes au règne végétal.

LENTISQUE (*arbrisseau*), dont les branches étaient employées par les Romains pour faire des cure-dents. Le poëte Martial condamne le cure-dents d'argent, et dit que le lentisque est préférable.

Lentiscum melius ; sed si tibi frondea cuspis
   Defuerit, dentes pennâ levare potes.

« Le lentisque est meilleur ; mais si vous n'avez pas un
« tendre rejeton, vous pouvez soulager vos dents en vous
« servant d'une plume. » Malgré la recommandation du
poète, le cure-dents d'argent prévalut sur le lentisque, qui
fut délaissé par les élégants de Rome.

LENTISQUE. Espèce de plante du genre pistachier, qui
appartient à la famille des thérébintacées. On cultivait autrefois cet arbrisseau dans tout l'Orient, et principalement
dans l'île de Chio : la résine odorante qu'il fournit servait à
faire un mastic. Les femmes grecques, turques, juives, ar-
méniennes, mâchent presque continuellement du mastic,
surtout le matin. Il se ramollit dans la bouche comme de
la cire, parfume leur haleine, fortifie leurs gencives, et
contribue à conserver la blancheur de leurs dents ; il augmente la sécrétion de la salive, et peut être de quelque
utilité dans les maux de dents, dans les fluxions catar-
rhales.

Les Grecs et les Romains, comme nous le disons plus
haut, employaient les petites branches de lenstique à faire
des cure-dents : Martial dit d'un vieux fat :

   Fodit que tonsis ora cava lentiscis.

On appelait *schino trogues*, c'est-à-dire *rongeurs* de *len-*
tisques, les hommes d'une propreté recherchée qu'on voyait
sans cesse cet instrument à la bouche.

Le lentisque est cultivé dans le midi de la France ; les
cure-dents, faits avec les branches de cet arbuste, eurent
une grande vogue sous Henri III et Henri IV.

LÉPIDOSARCOME. Tumeur sarcomateuse formée dans
la bouche, et couverte d'écailles irrégulières.

LÉSION. Nom donné aux altérations qui surviennent par

une cause quelconque dans les propriétés vitales ou la texture des parties du corps ; de là, la distinction de ces lésions, qui constituent toutes les maladies dont le corps humain est susceptible, en deux classes très tranchées, en *lésions organiques* et *vitales* : les légions *dentaires* sont simplement organiques.

LEVIER (*simple*). C'est une tige presque droite et arrondie, d'acier à demi-trempé, dont l'extrémité est aplatie et tranchante. On se sert de cet instrument pour pénétrer aussi avant que possible dans la partie latérale de la racine qu'on veut extraire ; ensuite, avec un des angles, on soulève la racine dans le sens de son alvéole, ou bien encore on la retire en exécutant un mouvement de bascule de gauche à droite ou de droite à gauche, après avoir pris le point d'appui sur une dent voisine.

LEVIER (*à crochet et à plaques mobiles*). Long de 162 millimètres, cet instrument est composé d'une tige semi-plate, cannelée sur une de ses faces, et un peu courbée à son extrémité : son manche a la forme d'un petite poire. Ce levier sert pour extraire les racines et même les dents. La manière de l'employer consiste à introduire l'extrémité du crochet le plus en avant possible au-dessous de la racine, tout en prenant le point d'appui, avec la plaque articulée, sur une dent antérieure ou postérieure.

LÈVRES. Replis membraneux, mobiles, symétriques, aplatis d'avant en arrière, placés devant les os maxillaires, et séparés par une fente transversale connue sous le nom d'ouverture de la bouche. La peau qui les forme est mince, fine, adhère fortement aux parties sous-jacentes par un tissu cellulaire.

LÈVRES. Les lèvres sont des voiles mobiles destinés à fermer ou à laisser béante l'ouverture antérieure de la bouche ; toutefois, il faut convenir que le mot *lèvres* présente, en anatomie, une acception plus générale. Ne considérons ici ce mot que dans le sens de la définition particulière qu'on lui donne communément.

Les lèvres sont au nombre de deux : — l'une supérieure, —l'autre inférieure. — La première est contiguë avec le nez ; — la seconde est séparée du menton par la dépression mento-labiale.

Les deux lèvres sont séparées de la joue par un sillon courbe et à concavité antérieure, qui devient très prononcé dans le rire.

Frein des lèvres. Placées immédiatement au-devant des arcades dentaires, les lèvres se moulent sur elles et leur adhèrent, au moyen d'un repli muqueux médian, que l'on désigne sous le nom de *frein des lèvres.*

Les lèvres ont deux faces : — l'une muqueuse, — l'autre cutanée.

La première, lisse, polie, est soulevée çà et là par un grand nombre de glandules appelées labiales.

La *seconde,* sèche, est remarquable par les caractères suivants : — A la lèvre supérieure, une dépression médiane couverte d'un léger duvet, et deux plans latéraux en dehors, et couverts par les moustaches chez les adultes.

Bord libre des lèvres. Il est rouge et muqueux : la peau y commence seulement en avant, suivant une ligne ondulée, en sens inverse, sur l'une et l'autre lèvre, et sur le trajet de laquelle on trouve le cercle des follicules labiaux.

Formation des lèvres. La membrane muqueuse buccale et la peau de la face forment les lèvres, qui ont en outre d'autres éléments très importants, tels que :

Des muscles,—des artères,—des vaisseaux,—des nerfs, — au tissu cellulaire,—la graisse.

Muscles des lèvres, qui sont : — *L'orbiculaire* formé par les deux *buccinateurs*,—le *myrtiforme* dans la lèvre supérieure,—le *carré* dans la lèvre inférieure,—le *canin*, — le *triangulaire*,—le grand *zigomatique* à la commissure.

Artères des lèvres, qui sont : — Les *coronnaires* qui descendent de la faciale, et forment dans les lèvres un cercle complet, qui établit de larges communications entre les deux artères faciales.

Vaisseaux symphatiques des lèvres. Ils se rendent dans les ganglions sous-maxillaires.

Nerfs des lèvres. Ils sont au nombre de deux : le *facial* et le *trifacial*. L'un anime les lèvres pour les mouvements d'expression ; l'autre pour la sensibilité et pour les mouvements digestifs.

Tissu cellulaire des lèvres. Il est très fin, et contient très peu de graisse.

LIGAMENT. On appelle de ce nom des organes fibreux, blanchâtres, fort compactes, fort résistants, peu élastiques, placés en général autour des articulations, et destinés à maintenir en rapport les surfaces articulaires des os : on dit ligaments dentaires.

LIGAMENTEUX. Qui a rapport aux ligaments.

LIGATURE. Mot par lequel on désigne les fils isolés ou réunis qui servent à exercer une constriction assez forte sur les vaisseaux, pour y suspendre le cours du sang. La chirurgie dentaire appelle *ligature* les crochets, les fils d'or, les cordonnets, les crins de Florence, et autres moyens pour maintenir les dents en place.

LIGATURES, ou procédés employés par les praticiens pour maintenir les dents artificielles : celles dont on se sert le plus communément, sont :

1° Le cordonnet de soie écrue ;

2° La racine chinoise ;

3° Le pite ou crin de Florence ;

4° Les fils de platine ou d'or fin.

C'est au dentiste à reconnaître quelle grosseur doivent avoir ces ligatures dans les divers cas qui se présentent.

LIMES. Les limes des dentistes sont plates, rondes, demi-rondes ; celles destinées à polir doivent être douces. Lorsqu'on veut en enlever le premier mordant, on commence par limer du cuivre, de l'argent ou un autre métal qui oppose peu de résistance. Lorsqu'elles paraissent usées, on les trempe dans un peu d'*eau seconde* affaiblie, pour détruire les corps étrangers qui se trouvent entre leurs grains.

LIME (*lima*). Instrument de chirurgie pour limer les extrémités osseuses qui dépassent les chairs à la suite de certaines opérations ; les dentistes emploient une petite lime très fine pour limer l'extrémité des dents inégales ; ils s'en servent aussi pour produire des intervalles entre des dents trop serrées ; ils sont obligés d'accoupler alors deux de ces limes sur le même manche, où on les fixe au moyen d'une vis de pression. Leur action sur les dents est fort douloureuse ; elle ébranle tout le crâne si on ne sait pas s'en servir avec la plus grande dextérité.

LIMER (*manière de limer les dents.*) On se sert de la lime pour enlever les parties cariées, pour égaliser, séparer une dent plus rapprochée que les autres, pour faire disparaître les inégalités des aspérités, pour disposer les dents ou leurs racines à recevoir des pièces artificielles. Il y a plusieurs sortes de limes ; elles sont tantôt pointues ou carrées à leur extrémité, tantôt demi-rondes sur une face, et plates sur l'autre. — Le dentiste, avant de s'armer de l'instrument, fait asseoir la personne commodément, et se place à sa droite. Quelle que soit la dent qu'on veut limer, il est indispensable de prendre un point d'appui avec le petit doigt, et de faire mouvoir l'instrument sans précipitation ; s'il s'engage avec les dents, il faut s'arrêter et le dégager avec adresse.. Avec les limes cintrées, on peut enlever une grande partie de la face supérieure des dents, siége ordinaire de la carie. Pour limer les dents de la mâchoire supérieure, le dentiste tient l'instrument avec le pouce et l'index, le trempe dans de l'eau chaude, surtout en hiver, et a soin d'enlever à chaque instant, avec une brosse, le détritus que laisse la lime. Pour raccoucir les dents beaucoup trop longues, on se sert de limes demirondes. Une dent bien limée, ne doit plus présenter à l'œil la moindre cavité. Tous les praticiens savent que ce n'est guère qu'à quinze ans qu'on peut porter la lime sur les dents permanentes ; cependant, il est des cas où la carie devient si intense, qu'il ne faut tenir aucun compte de l'âge de l'individu, et séparer les dents saines de celles qui sont atteintes par la maladie. — Savoir bien manier la lime, dit un auteur, n'est pas chose facile ; il ne suffit pas de la faire aller et venir, ou de la diriger plus ou moins légèrement en différents sens, il faut encore opérer sans secousses, et ne chercher à la faire mordre que dans le sens de sa taille. Ce n'est donc que la pratique qui peut apprendre à bien limer les dents. Les formes des limes varient à l'infini.

LINGUAL. Qui a rapport à la langue. On dit l'*artère linguale,* le *nerf lingual,* la *glande sublinguale.*

LINIMENT (de *linire,* adoucir). Médicament liquide appliqué à la surface de la peau, au moyen de frictions. Les dentistes emploient beaucoup ce curatif dans les maladies buccales des enfants. On distingue les lininents : 1° en toniques ; 2° irritants ; 3° mixtes ; 4° anodins.

LIQUEUR PHILODONTIQUE ET ANTISPASMODIQUE.
Elle combat certaines affections nerveuses, les migraines ;
elle dissipe la mauvaise odeur de la bouche, rétablit et en-
tretient la fermeté des gencives, prévient la carie des dents,
si on s'en sert à propos et à temps. On en verse 8 à
10 gouttes dans un $\frac{1}{3}$ d'un verre d'eau ; l'on y trempe une
brosse avec laquelle on frotte légèrement les dents et les
gencives.

FORMULE.

Alcool à 38 degrés.	2 litres.			
Huile essentielle de menthe an-				
glaise.	31 gram.	25	centigram.	
Idem de néroli.	15 »	63	»	
Essence de canelle.	7 »	81	»	
Esprit d'ambre, musqué et rosé..	4 »	8	»	

On ajoute de l'éther à cette liqueur avant de la mettre
en flacons.

LIQUEUR DU DOCTEUR SWÉDIANS. Cette liqueur est
bonne contre les aphthes ; on en imbibe un plumasseau, et
on en touche les aphthes plusieurs fois la journée.

INGRÉDIENTS.

Borax en poudre..	4 gram.	50	centigram.	
Teinture de myrrhe.	31 »	25	»	
Eau de rose distillée.	31 »	25	»	
Miel Rosas.	62 »	58	»	

LOCALITÉS-TERRAINS. (*leur influence sur la bouche*).
Ce que les savants ont écrit sur l'influence des localités sur
la santé en général, depuis Hippocrate jusqu'à nos jours,

on peut l'appliquer aux organes dentaires. Les terrains *bas* et *humides* sont très nuisibles aux dents. Dans les pays secs et élevés, l'homme conserve ses dents sans beaucoup de précautions. Le voisinage des marais est pestilentiel pour la bouche.

LOTIONS. Il faut bien se garder de mouiller la tête des enfants qui font leurs premières dents : on doit se borner à la frotter avec des brosses de chiendent et autres ; à la nettoyer avec un morceau d'éponge ou de laine. Le corps mouillé même avec de l'eau chaude qui se refroidit promptement, tremble et frissonne, et les jeunes nourrissons en sont vivement affectés.

LOTION (*lotio* en latin, en grec *loutron*). L'action de laver. On peut comprendre généralement, sous cette dénomination, toute application humide qui sert à laver tout le corps, ou seulement quelques-unes de ses parties, pour les nettoyer ou pour y apporter des changements déterminés.

Les lotions sont plus particulièrement des médications externes ou topiques, au moyen desquelles on lave, on nettoie, on déterge certaines parties malades.

On désigne les lotions par les adjectifs *émollientes, détersives, toniques, astringentes, antipsoriques, antitherpétiques, phagédéniques,* etc.

Les lotions se pratiquent avec la main seule, ou avec des éponges, du linge, de la charpie : elles sont *simples* ou *composées.*

Les lotions simples se font avec de l'eau pure, froide, chaude ou tiède.

L'art dentaire emploie les lotions *simples* et *composées.*

Les premières, lorsqu'il s'agit seulement d'entretenir la fraîcheur et la santé des organes.

Les secondes, lorsqu'il faut prévenir une lésion et y couper court.

Les lotions dentaires *composées* sont généralement connues sous le nom d'*opiats*, d'*élixirs*, d'*eau balsamique*, etc.

Les lotions simples à l'eau pure sont très favorables aux organes dentaires.

LOUPE. Instrument d'optique dont les dentistes se servent quelquefois pour examiner les petits objets ; il faut, pour que cette loupe soit bonne, que le verre ait environ 30 millimètres de diamètre, et le foyer 39 millimètres. Un verre plus grand ne grossirait pas assez; plus petit, il grossirait trop les objets.

LUXATION (du verbe latin *luxare*, déboîter). On appelle de ce nom la sortie d'un ou de plusieurs os de la cavité au moyen de laquelle ils s'articulaient avec un ou plusieurs os.

On distingue les luxations en incomplètes et en complètes.

En anciennes et en récentes;

En simples et en compliquées.

Les causes des luxations se divisent en prédisposantes et en efficiantes.

Les signes des luxations se divisent en rationnels et en sensibles; on nomme encore les premiers équivoques ou communs, les seconds univoques ou certains.

Il y a trois moyens de remédier aux luxations, savoir : La réduction, le maintien des parties qui ont été déplacées et réduites, et l'emploi des moyens propres à prévenir les accidents, ou à les combattre lorsqu'ils sont venus.

LUXATION (*de la mâchoire*). Elle est le résultat de la maladresse du dentiste ou d'une disposition particulière des surfaces articulaires. Pour opérer ce genre de luxation, l'on saisit la mâchoire, en plaçant le pouce enveloppé d'un linge dans la bouche, et en pressant avec les autres sur le menton. On appuie la main gauche au-dessous du nez ou sur le front, et avec la main droite on tire obliquement la mâchoire en bas.

LUXATION (*des dents*). On désigne sous ce nom le déplacement d'une dent, qui est renversée en dedans ou en dehors, et sort de son alvéole. Les luxations, presque toujours occasionées par une violence extérieure, sont complètes ou incomplètes, selon que la dent a abandonné ses rapports de contiguité avec l'alvéole, en totalité ou en partie. Elles peuvent être simples ou compliquées de contusions, de plaies aux gencives, de fractures ; enfin la dent *luxée* peut être saine. Dans ce dernier cas, elle reprend souvent sa solidité, si on la replace dans l'alvéole. Dans cette opération, avant de replacer la dent, je conseille d'en raccoucir un peu la racine avec une lime forte. L'accroissement du périoste peut même se faire, et, dans les cas d'implantation, ce procédé m'a toujours réussi. La dent remise, on rapprochera doucement, contre son collet et ses racines, les gencives et les fragments de l'alvéole, et on la maintiendra dans une parfaite immobilité, avec des ligatures liées aux dents voisines. Le malade, suivant la gravité de son état, ne prendra que des aliments de facile mastication ; il usera de grandes précautions pendant dix ou douze jours, pour que la dent *luxée* reprenne complètement l'exercice de ses fonctions.

LUXER, ou ébranler les dents dans leurs alvéoles, de manière cependant à ne pas les séparer entièrement de la racine. Cette opération n'est pas toujours suivie de succès :

aussi ne convient-il de la pratiquer que dans un très petit
nombre de cas toutes les fois qu'une dent est douloureuse, qu'elle offre assez de solidité pour résister à l'ébranlement, ou qu'elle pousse dans une mauvaise direction. Les
incisives, les canines et les petites molaires sont les plus
susceptibles de luxation, qui ne réussit que sur des individus jeunes, bien portants : après trente ans, la luxation ne
réussit plus, et les dents ne reprennent jamais la moindre
solidité. Aussi est-il nécessaire, avant d'opérer, de bien reconnaître la constitution du sujet, parce que, chez une personne faible, on serait bientôt forcé de faire l'entière
extraction de la dent. Il est plus difficile de *luxer* que
d'*extraire*, parce que les mouvements imprimés à l'instrument pendant cette opération doivent être modérés, afin de
lacérer le moins possible les vaisseaux et les nerfs, et de
ne fracturer que faiblement le bord alvéolaire; car il est
bien prouvé qu'une dent *luxée* ne peut reprendre sa solidité qu'autant qu'on ne l'enlève pas complètement; une
fois extraite de son alvéole, il n'est pas probable qu'elle reprenne vie.

M

MACHOIRE (*maxilla*). Se dit de deux parties de bouche qui sont garnies de dents et servent à inciser, à déchirer et à broyer les aliments. L'une supérieure, immobile et
contiguë au crâne porte le nom de mâchoire *syncranienne*,
et l'autre inférieure, unie à cette boîte osseuse par une articulation mobile se nomme *diacranienne*.

La première est composée de 13 os, sans y comprendre
les dents, savoir :

Des deux os propres du nez ;

Des deux os maxillaires ;

Des os unguis ;

Des os de la pommette;

Des cornets inférieurs du nez ;

Des deux os palatins ;

D'un os impair qu'on appelle vomer.

La seconde n'est formée que d'un seul os maxillaire.

La carie, les luxations, la nécrose, les fractures sont les principales et les plus cruelles affections de la région maxillaire (Voir ces mots).

MAL. Douleur locale, maladie, infirmité, en général tout ce qui est opposé à la santé. On dit : mal de dents, mal de gorge, etc., etc.

MALADIE (en grec *nossos,* et en latin *morbus*). Terme synonime d'affection employé pour désigner un état quelconque de l'économie animale opposé à la santé. On dit : *Maladie buccale, maladies dentaires,* etc.

MALADIES MUQUEUSES. On désigne ainsi les affections particulières des membranes de ce nom. Les *aphthes* ou flegmasie spéciale de la membrane muqueuse de la bouche font seuls partie du domaine du dentiste.

MALADIES DES OS. L'état de maladie développe, dans les os, la sensibilité vitale au plus haut degré : les os sont souvent le siège de douleurs atroces : parmi les maladies, les seules que doive étudier le professeur de prothèse sont : la fracture de la mâchoire inférieure ; les diverses espèces de carie, la nécrose, l'exostose, la luxation de la mâchoire inférieure, etc., etc.

MALVACÉES (*plantes*). Elles forment, dans le règne végétal, une des familles les plus nombreuses. L'art dentaire les emploie pour infusions, lotions, gargarismes, dentifrices et opiats, etc.

MANCHE (*manubrium*). Partie de l'instrument par où on le prend pour s'en servir. Les manches des instruments de chirurgie ont reçu deux noms génériques ; ils sont appelés châsses quand ils tiennent la lame enchâssée, et simplement *manches* quand ils sont solides. Les manches des instruments du dentiste varient à l'infini.

MANIÈRE DE FABRIQUER LES DENTS INCORRUPTIBLES. Les dents en pâtes minérales sont composées d'émail à porcelaine qu'on peut colorer avec les oxydes de *bismuth*, de *platine*, d'*or*, de *titane*, d'*urane*, le *chromate de baryte*, l'*hydroclorate d'étain*. Ces diverses substances présentent, après la cuisson, deux parties bien distinctes : l'une postérieure et opaque qu'on appelle *base*, forme le corps de la dent, et subit un retrait sensible ; l'autre antérieure et nommée la *couverte*, se vitrifie et imite l'émail naturel.

On prépare la *base* (non colorée) avec trois parties de pâte à porcelaine et une partie d'émail, que l'on broie à l'eau en poudre impalpable : on la laisse dans l'eau où elle devient plus onctueuse et acquiert la propriété de se mêler facilement aux autres substances. On compose la *couverte* (non colorée) avec trois parties d'émail et une de pâte à porcelaine : on la broie encore avec plus de soin que la pâte de la *base*. On broie ensuite ensemble les oxydes, l'émail, la pâte. Voici les formules les plus usitées.

Formule de la base non colorée :

Pâte à porcelaine 6 parties.
Émail à porcelaine 2 parties.

Formule de la base non colorée :

Émail à porcelaine 6 parties.
Pâte à porcelaine 2 parties.

Pour colorer la *base*, on prépare une *fritte* dans laquelle on fait entrer, dans les proportions suivantes, les substances qui servent à la coloration.

Pâte à porcelaine   6 parties.
Émail à porcelaine 2 parties.

Oxyde de titane, 2 grammes par 31 gram. 25 cent. de ce mélange.

On porphyrise les oxydes, les pâtes, les émaux avec une mollette en verre ou en porcelaine, sur une palette de porphire ou de glace dépolie.

MARMELADE DE TRONCHIN. On la donne avec avantage aux enfants lorsqu'il y a constipation pendant la première dentition ; on la fait prendre par petites cuillerées, d'heure en heure, dans la matinée, la moitié en un jour, et l'autre le matin. On fait boire un bouillon léger par dessus.

INGRÉDIENT.

Pulpe de casse.	31 gram.	25 centigram.
Manne en larmes..	31 »	25 »
Huiles d'amande douces.	16 »	31 »
Eau de fleurs d'oranger.	8 »	15 »

MASTIC. Le même que celui qu'emploient généralement les vitriers, et qui est composé de blanc d'Espagne et d'huile de lin pétris ensemble. Les dentistes qui suivent l'ancien système se servent particulièrement de ce mastic pour entourer les empreintes de cire, dans lesquelles ils veulent couler du plâtre.

MASTIC DE CHIO. Les Grecs et les Romains se servaient de ce dentifrice : on le mâchait tous les matins pour conserver les dents gâtées par la carie. Clément, d'Alexandrie, parle d'hommes qui mâchaient cette substance. Cet usage existe encore dans le Levant, et l'île de Chio fournit une grande quantité de grains de mastic à Constantinople.

MASTICATOIRE (du verbe *mastikao* je mâche). Remède qu'on mâche pour exciter l'excrétion salivaire ; mais tous les masticatoires n'étant pas soumis à la mastication, tels que le tabac à fumer, plusieurs autres substances, nous préférons la définition suivante :

Les masticatoires sont des substances qui augmentent le flux salivaire et muqueux de la bouche.

On peut diviser les masticatoires en deux classes : — *Salivaires* ou *sialagogues,* en supposant qu'ils agissent plus particulièrement sur les glandes salivaires ; en masticatoires *proprement dits,* qui porteraient leur action sur la membrane muqueuse de la bouche et de l'arrière-bouche.

Les masticatoires sont des médicaments topiques, et tiennent le milieu entre les remèdes internes et externes. — Les moins énergiques sont les *masticatoires mécaniques.* Les *masticatoires aromatiques* agissent, par leur qualité tonique et excitante, sur les glandes et la membrane muqueuse. — Les *masticatoires âcres* sont, à proprement parler, les véritables, désignés par les auteurs comme agissant spécialement sur les glandes salivaires. — Tous les masticatoires ne sont pas solides ; il y en a de liquides, de gazeux, comme la fumée du tabac, etc.; il y a quelques accidents à craindre en usant de masticatoires, si on ne les administre pas avec la prudence convenable. Mais dans plusieurs cas, surtout dans les engagements des gencives, leur influence est des plus favorables.

MASTICATION (du verbe grec *mastikao*, je mâche).
Action de mâcher, de diviser, broyer les aliments solides
avec les dents ou les mâchoires, pour, qu'imprégnés de
salive, ils soient facilement avalés et digérés. Les parties
qui, chez l'homme, servent à la mastication, sont : — Les
dents, — les deux mâchoires, — les muscles puissants qui,
faisant mouvoir la mâchoire diacranienne sur l'autre, op-
posent les dents inférieures aux dents supérieures ; — la
langue et les parois musculaires.

MASTOIDE. Nom que les anatomistes donnent à l'une
des apophyses de l'os temporal, parce qu'elle ressemble
grossièrement à un mamelon : elle est située derrière le
nerf auditif externe et un peu au-dessous de lui ; la lame
compacte qui la constitue extérieurement est très mince.
On l'a vue quelquefois grossir comme une noix par l'effet
de différentes causes morbifiques ; elle peut être affectée de
carie, particulièrement à la suite d'accidents vénériens.

MASTOIDIENS. Muscles, nerfs qui ont rapport à l'apophyse mastoïde.

MASTOIDO-AURICULAIRE. Muscle postérieur de l'o-
reille, ainsi nommé, parce qu'il s'étend de l'apophyse
mastoïde à la partie postérieure et inférieure de la convexité
de la conque de l'oreille, nommée *auricule* par le professeur
Chaussier.

MASTOIDO-GÉMÉLA. Nom du muscle digestitrique,
ainsi nommé, parce qu'il s'étend de la racine mastoïdienne.
à la partie inférieure et moyenne du menton.

MAUVE (*malva*). Plante de la famille naturelle des malvacées. La médecine emploie deux espèces de mauves indistinctement. — La mauve sauvage ou grande mauve ; —
la mauve à feuilles rondes ou petite mauve. Les dentistes

les emploient aussi beaucoup pour les lotions, les frictions et souvent pour des gargarismes mucilagineux.

MAXILLO-LABIAL. Muscle triangulaire des lèvres parce qu'il s'étend de la lèvre externe de la partie latérale du menton à l'angle des lèvres. Bichat l'appelle muscle abaisseur de l'angle des lèvres.

MAXILLO-STÉROTICIEN. Muscle, petit rotateur de l'œil, ainsi appelé parce qu'il s'étend de l'os maxillaire qui concourt à former l'orbite jusqu'à la partie supérieure, postérieure et latérale du globe oculaire.

MAXILLAIRE. Qui appartient à la mâchoire, qui a rapport à la mâchoire.

On distingue :

1° Les os maxillaires supérieurs et inférieurs ;

2° L'artère maxillaire externe ou *faciale, labiale, palato-labiale ;*

3° L'artère maxillaire interne, appelée par Chaussier, *gutturo-maxillaire ;*

4° Les nerfs maxillaires supérieurs et inférieurs ;

5° Le sinus maxillaire creusé dans l'épaisseur du maxillaire supérieur ;

6° La glande sous-maxillaire, une de celles qui sont destinées à la sécrétion de la salive.

Dans les salivations mercurielles très abondantes, il n'est pas rare d'observer un engorgement de la glande maxillaire qui devient douloureuse. On applique alors sur la mâchoire des cataplasmes émollients.

MÉAT. Conduit ou orifice qui livre passage à un liquide. On désigne sous le nom de *méat des fosses nasales,* les intervalles qui se trouvent entre chaque cornet. Sous le nom de *méat auditif,* le trou auditif externe.

MÉDICINAL. Qui a des propriétés médicamenteuses : *vin médicinal;* — eau médicinale ; vertus médicinales. On confond à tort le mot *médicinal* avec le mot *médical,* parce que l'une exprime les objets généraux de la science, et l'autre indique seulement la vertu médicamenteuse d'une plante d'une substance composée ou simple.

MÉDIAN (*medianus*). Qui est au milieu ; en anatomie on dit nerf *médian,* veines *médianes.*

MÉDICAMENT. Corps formé avec une ou plusieurs substances naturelles, doué de la faculté d'agir sur nos organes, et employé pour combattre les causes morbifiques, réprimer des mouvements pathologiques. L'art dentaire a ses médicaments particuliers.

MÉDICAMENTAIRE. Qui concerne les médicaments.

MÉDICAMENTEUX. Ce qui agit sur l'économie animale comme médicament. On dit vin médicamenteux.

MÉDULLAIRE. Qui appartient à la moelle, qui en a la nature. Bichat distinguait deux systèmes médullaires : l'un occupe le tissu celluleux des extrémités des os longs, tout l'intérieur des os courts et des os plats ; l'autre se trouve seulement dans la partie moyenne des premiers. Le système mellulaire n'existe pas dans les organes dentaires.

MÉLISSE. Plante de la famille aromatique des labiées, qui croît dans les lieux incultes des contrées méridionales de l'Europe. Doucement aromatique, médiocrement amère, fortifiant les nerfs, la mélisse fait partie de plusieurs elixirs odontalgiques, opiats et dentifrices. On s'en sert aussi pour les lotions partielles et les gargarismes.

MEMBRANE. Tissu organique, aplati, mince. tantôt disposé en longs canaux, tantôt étendu largement sur les viscères, et placé non-seulement à l'intérieur du corps, mais encore à l'extérieur. On divise les membranes en *muqueuses, folliculeuses* ou *villeuses compliquées. — Membranes fibreuses, abbugineuses.*

MEMBRANEUX. Qui est de la nature de membranes ou composé de plusieurs.

MEMBRANIFORME. Qui a l'apparence des membranes. On donne ce nom aux partie minces ou aplaties par suite de leur distension.

MÉNIANTHE. Plante de la famille naturelle des gentianées, de la pentandrie monogynie de Linnée. Le ménianthe offre à la médecine un tonique énergique. Le scorbut est une des affections dans lesquelles il a été le plus vanté, le plus usité. On cite plusieurs exemples de cette maladie guérie avec le suc de cette plante; en Angleterre, elle est un remède domestique contre les éruptions scorbutiques qui surviennent au printemps.

MENTAGRE. Maladie particulière de la face. Cette affection, dont Pline donne une description dans le 27e livre de son Histoire naturelle, souleva de longues discussions entre les médecins de l'antiquité. On a cru longtemps que la mentagre était une variété de lèpre; mais aujourd'hui tout le monde sait qu'elle doit être classée parmi les dartres cutanées.

MENTHE. Plante de la famille des labiées. La pharmacopée dentaire s'en sert très souvent.

MENTON. Éminence située au milieu du bord inférieur de la face, séparée de la lèvre inférieure par un enfoncement transversal assez étendu. Sa forme présente une multitude de variétés suivant les nations ; les peuples du Nord l'ont épais, les peuples du Midi l'ont pointu. Parmi les maladies du menton, l'on distingue les pustules vénériennes et dartreuses ; les ulcères qui rongent quelquefois une partie du menton et de l'os maxillaire.

MENTONNIER. Qui a rapport au menton. — *Trou mentonnier;* il termine le canal maxillaire qui est creusé dans l'épaisseur de l'os maxillaire supérieure.

Nerf mentonnier. Près de l'orifice du conduit dentaire, le nerf dentaire inférieur, branche du maxillaire inférieur, donne un filet considérable appelé *mentonnier,* et qui se porte dans un sillon creusé au-dessous de ce conduit.

Artère sous-mentonnière. Elle naît de la maxillaire externe près du bord de la mâchoire inférieure.

MENTONNIÈRE. Bandage dont on se sert dans les maladies du menton et des lèvres, de la mâchoire, et après l'opération du bec-de-lièvre, pour affermir l'appareil.

MENTO-LABIAL. Muscle carré du menton. Il est mince, aplati, quadrilatère ; ses fibres confondent en partie leur insertion sur la ligne maxillaire externe avec le triangle (maxillo-labial.

MERCURE. Métal liquide, d'un blanc bleuâtre, brillant, d'une couleur presque semblable à celle de l'argent, ce qui l'a fait nommer dans le commerce *vif-argent.* De tous les métaux, il n'en est pas dont l'action et l'influence soient plus délétères pour les dents que celle du mercure.

MERCURIAUX. On désigne sous ce nom les préparations chimique ou pharmaceutiques dont le mercure est la base, et qu'on ne doit jamais trouver chez un dentiste.

MERCURIEL. Qui contient du mercure ; causé par le mercure. On dit salivation mercurielle.

MERCURE (*son influence sur l'organisation dentaire en général*). Le mercure, dit le célèbre Fox, engendre presque toujours une augmentation de glandes salivaires, la fétidité de l'haleine, de vives douleurs dans plusieurs parties de la bouche. Une conséquence ordinaire de l'usage du mercure est un accroissement d'action dans les vaisseaux absorbants, surtout dans les cloisons alvéolaires. L'emploi de cette substance minérale, en produisant l'absorption des cloisons, occasione très souvent la perte prématurée des dents. Si l'usage du mercure est trop prolongé, les dents deviennent vacillantes et menacent de tomber pendant qu'on l'administre : il occasione sur les dents un dépôt de tartre qui produit de forts mauvais effets si l'on ne prend la précaution de l'enlever dès qu'on cesse de faire usage de ce remède.

MERCURE (*son influence sur les gencives*). Le mercure détermine aux gencives des excoriations plus ou moins profondes. Les personnes les plus exposées à cette cruelle affection, sont celles qui font usage du mercure comme médicaments ; les ouvriers employés à l'exploitation des mines de ce métal, ou les gens qui par état manient habituellement cette substance. L'hygiène dentaire n'a qu'un conseil à donner, celui de s'abstenir de tout contact avec le mercure et surtout de potions mercurielles.

MEURTRISSURE. État d'une partie qui a éprouvé les effets de la contusion. Les meurtrissures à la face sont très souvent suivies d'odontalgies dont l'intensité varie à l'infini.

MEULE. La meule d'un dentiste a ordinairement 405 millimètres de diamètre ; elle est traversée d'un arbre en fer, à l'extrémité duquel est une manivelle qui correspond à une pédale qui la fait tourner au moyen de la pression avec le pied. Les dentistes de l'ancien système se servent surtout de la meule pour tailler les dents dites incorruptibles ; ils l'emploient aussi pour enlever l'émail de l'hippopotame, et pour le repassage des outils.

MIASME (*miasma, souillure*). Les miasmes influent de la manière la plus funeste sur les organes dentaires. La source des miasmes est le corps de l'homme affecté de maladie, les substances qui tombent en putréfaction. Les personnes qui tiennent à la beauté de leur denture, doivent, par tous les moyens possibles se prémunir contre toutes les émanations miasmatiques.

MIASMATIQUE. Qui est produit par les miasmes.

MIEL (en grec *meli*). Fluide que les abeilles sucent avec leur trompe et qu'elles déposent ensuite dans leurs ruches pour s'en nourrir pendant l'hiver. Le miel est un excellent curatif dans les inflammations odontalgiques ; il entre dans la composition de plusieurs opiats et élixirs.

MINÉRAL. Répandus dans l'atmosphère, dans l'intérieur ou à la surface de la terre, les minéraux forment une des branches principales de l'histoire naturelle, la minéralogie. Pour ne pas sortir de notre spécialité, bornons-nous à dire que presque tous les minéraux sont funestes aux dents, et qu'on doit en éviter le contact.

MIROIR. Les miroirs des dentistes sont de la grandeur d'un verre à lunette ovale, un peu concaves pour grossir les objets. Enchâssés dans un cercle de métal, ils tournent sur deux branches soudées à un manche. Ces miroirs, qu'on a beaucoup modifiés, perfectionnés de nos jours, sont indispensables aux dentistes pour apercevoir avec facilité les caries situées à la face interne des dents.

MIXTION. Action de mêler des substances de différente nature pour former des médicaments. L'étude de cette partie des connaissances pharmaceutiques se divise en trois branches :

1° La connaissance et le choix des médicaments ;

2° Leur préparation ;

3° Leur mixture.

MIXTURE. Médicament magistral, du genre des potions, employé souvent par l'art dentaire.

MIXTURE (*de M. Maury*). Cette préparation a les mêmes propriétés que la poudre détersive.

FORMULE.

Miel de première qualité.	1 kilo.	
Alun calciné.	62 gram.	50 centig.
Extrait de quinquina.	31 »	25 »
Huile essentielle de Menthe poivrée.	15 »	14 »
Huile de cannelle.	15 »	14 »
Esprit d'ambre musqué et rosé. . .	7 »	8 »

MIXTURES. Dentifrices ainsi nommés parce que l'on mêle les poudres végétales ou minérales avec du miel, du sirop et autres substances qui absorbent l'acidité.

MIXTURE DE BOYLE. On l'emploie contre les aphthes d'heure en heure.

INGRÉDIENTS.

Sucre de grande joubarbe.	34 gram.	25 centig.
Miel.	31 »	25 »
Sulfate, acide d'alumine.	1 »	20 »

MIXTURE ODONTALGIQUE *de M. Cadet Gassicourt.*

INGRÉDIENTS.

Ether sulfurique.	3 gram. 91 centig.
Laudanum liquide.	3 » 91 »
Baume du commandeur	3 » 91 »
Huile essentielle de girofle.	6 gouttes.

On mêle le tout avec soin. On trempe ensuite un peu de coton dans cette mixture, et on l'applique sur la dent douloureuse.

MOFFETTES. Exhalaisons délétères qui occupent les souterrains des mines délétères pour les dents.

MOGISLALISME (du grec *moguilagia*), difficulté de parler). Affection souvent causée par le renversement ou la mauvaise disposition des dents, par la carie ou toute autre maladie buccale.

MOUFLES (*manière de les fabriquer*). Les dentistes ont donné le nom de *moufles* à des plaques minces en terre préparée, que l'on met sécher sur un rouleau pour leur donner une demi-circonférence, et que l'on met cuire ensuite pour leur donner la consistance convenable. Le procédé de fabrication est fort simple. On prend parties égales d'argile de potier et de brique pilée, ni trop fine, ni trop grosse; on broie à l'eau les deux substances, et lorsque le mélange a acquis une certaine solidité, on l'aplatit sur un morceau de pierre ou de marbre bien uni. On coupe ensuite plusieurs plaques de différentes dimensions : on les applique sur des rouleaux que l'on couvre d'une feuille de papier ; on prend ensuite une seconde feuille de papier que l'on met sur les plaques qui commencent par sécher à l'ombre : la dessication s'achève au feu. Les moufles en platine sont infiniment préférables à ceux en terre dont on ne se sert plus qu'en province.

MUCOSITÉ. On donne ce nom aux liquides plus ou moins consistants qui se rencontrent dans les cavités des membranes muqueuses, et qui sont le produit de l'exhalation de ces organes.

MUCILAGE. Solution de gomme dans l'eau de végétation des plantes, ou solution artificielle de ce même produit.

MUCILAGINEUX. Qui contient du mucilage ou qui en a l'apparence. Les dentistes se servent très souvent de mucilages et de mucilagineux.

MUCUS (*buccal*). On désigne sous ce nom deux substances bien distinctes : l'une est le fluide tout entier que secrètent les cryptes des membranes muqueuses ; l'autre n'est que l'un des matériaux dont est formé le fluide, et constitue un des principes immédiats des animaux.—A l'état liquide, le mucus est le plus souvent blanc, transparent, inodore, contenant plus des 9/10 de son poids d'eau. A l'état solide, le mucus, se présente sous la forme d'une substance fragile, transparente, complètement insoluble dans la plupart des liquides, et ne dissolvant dans les acides eux-mêmes qu'avec beaucoup de difficultés. Le *mucus buccal* est souvent très préjudiciable aux dents, si on n'a soin de les entretenir dans un état continuel de propreté parfaite.

MUSCLES (*des lèvres*). Les uns sont communs à l'une et l'autre lèvre, les autres sont propres à chacune d'elles. Les muscles communs sont : le *zygomatique*, les *triangulaires* ou *abaisseurs* de l'angle des lèvres, les *conins*, les *bucci-nateurs*, l'*orbiculaire*.

MUSCLES (de la lèvre supérieure). Ces muscles sont les *releveurs* de l'aile du nez et de la lèvre supérieure, les *incisifs*, les petits *zygomatiques*.

MUSCLES (*de la lèvre inférieure*). Ces muscles sont les *carrés* et ceux de la coupe du menton.

MYRTHE. Les coquettes d'Athènes, quand elles ne riaient pas ou ne parlaient pas, tenaient une branche de myrthe à la bouche, qui restait ainsi entr'ouverte et laissait voir la beauté de leurs dents. Pline, le naturaliste, affirme que le myrthe communique un doux parfum à l'haleine, fortifie les gencives et contribue à la solidité des dents. Hippocrate faisait mâcher des branches de myrthe pour dissiper l'engorgement des gencives et raffermir les dents ébranlées.

N

NASO-OCULAIRE. Nom donné par Sommerring au nerf nasal.

NASO-PALATIN. Filet nerveux émané du ganglion sphéno-palatin, et descendant sans se ramifier, le long de la cloison des fosses nasa'es, pour traverser le conduit palatin antérieur.

NASO-PALPÉBRAL. Muscle orbiculaire des paupières.

NASO-SURCILLER. Muscle qui fronce la peau du sourcil, qu'il ride perpendiculairement et qu'il ramasse vers l'angle interne de l'ouïe.

NATURELLES (*dents*). Produit de la première ou deuxième dentition ; dents qui doivent tout à la nature et rien à l'art.

NÉCROSE. Elle survient ordinairement à la suite de la suppuration de la membrane alvéo-dentaire : dans le plus grand nombre de cas elle est le résultat d'une inflammation chronique des parties molles. Les dents affectées de nécrose s'ébranlent, perdent leur couleur naturelle, tombent et restent quelquefois dans les alvéoles, occasionant un écoulement fétide entre le collet et la gencive. On doit presque toujours opérer l'extraction.

NERFS. Cordons blanchâtres, composés d'un grand nombre de filaments ou de fibrines que renferment une membrane particulière de forme cylindrique, et divisés dans leur trajet en rameaux et ramuscules.

NERFS (*du voile du palais.*) Ils sont fournis par le ganglion de meckel et le glosso-pharyngien.

NERFS (des lèvres). Ils sont fournis par les sousorbitaires. les mentonniers et les fanaux.

NEZ. Partie saillante de forme pyramidale et triangulaire, située au milieu du visage, où elle sert de limite aux fosses nasales. — M. Rogers a trouvé le moyen de fabriquer en hippopotame des nez artificiels, infiniment supérieurs à toutes les pièces artificielles inventées jusqu'à ce jour.

NETTOYAGE (*des dents*). On emploie pour cette opération des petites rugines à tranchant ordinaire ou en biseau, des poinçons carrés. Presque tous les dentistes se bornent aux instruments suivants.

1° La rugine en *langue de carpe*, espèce de grattoir tranchant des deux côtés ;

2° La rugine en forme de biseau ou *bec-d'âne* ;

3° Une rugine à gouttière ou à bec de cuillère;

4° Un poinçon carré taillé en biseau, à une seule pointe :

5° Une rugine carrée à biseau, coudée à angle droit : ils se servent aussi d'un petit miroir de 1,353 milli. de long, sur 0,270 de large, sans autre monture qu'une peau mince collée par derrière.

Manière d'opérer. Le malade, assis commodément, a la tête appuyée sur le dosier d'un fauteuil; on lui met une serviette sur l'épaule pour essuyer les instruments, on prépare de l'eau et une cuvette pour rincer la bouche pendant l'opération. L'opérateur se place devant lui, les doigts de la main gauche servant, selon le besoin, à écarter les lèvres ou à tenir la tête fixe, ou à la faire tourner avec douceur sans que sa main appuie sur la figure. — On commence par la mâchoire supérieure ; la *langue de carpe* tenue de la main droite comme un canif, la lèvre supérieure relevée, et on enlève le tartre des faces antérieure et latérale droite des incisives. Pour les faces latérales gauches, on tient l'instrument comme une plume à écrire, et on prend son point d'appui avec le petit doigt et l'auriculaire sur les dents voisines. — La *rugine,* en forme de ciseau, sert à nettoyer l'extérieur des dents molaires, en agissant ou de haut en bas, ou d'avant en arrière. — L'intérieur se nettoie avec la rugine *coudée.* — Pour le côté droit, on prend son point d'appui sur le pouce de la main gauche. — Pour le côté gauche et les dents antérieures, on appuie la paume de la main sur le menton préalablement garni d'un bout de serviette. — Pour les incisives de la mâchoire inférieure, l'opérateur se place derrière le malade et agit avec la *langue de carpe,* comme il a été dit : après avoir enlevé tout ce qu'il a pu, il revient en devant, écarte la lèvre avec le pouce garni d'un linge, soutient les dents avec l'index gauche si elles sont branlantes et fait agir la rugine de bas en haut.

— Les molaires se nettoient comme celles de la mâchoire supérieure; les instruments sont aussi les mêmes pour la face interne de toutes les dents. — Le poinçon a deux usages : il sert à enlever tout le tartre qui existe entre les dents; et quand la couche tartreuse est fort épaisse, on commence par y faire pénétrer sa pointe jusqu'à la dent, et, en imprimant à l'instrument un mouvement de rotation, on fait éclater le tartre. — La rugine en biseau est aussi pour cet objet d'une très grande utilité. — La rugine en bec de cuiller sert à détacher le tartre du collet des dents en suivant le contour de la gencive et sans l'offenser.

Règles générales. 1° Il faut soutenir avec soin les dents branlantes, et couper le tartre sur la dent même en plusieurs fragments, sans secousse, et en restant toujours maître de son instrument;

2° Les instruments doivent toujours agir du collet vers le bord de la dent pour ne pas blesser la gencive;

3° On ne peut espérer de blanchir les canines autant que les incisives, les premières étant toujours un peu jaunes;

4° On ne peut atteindre la même blancheur et le même brillant chez tous les individus. Il faut donc se contenter d'enlever tout le tartre et le limon sans toucher aux taches de l'émail même, qui sont indélébiles;

5° Quand on trouve le tissu dentaire ramolli ou privé d'émail, il faut procéder avec précaution, et il est souvent prudent de laisser un peu de tartre;

6° Il ne faut jamais diviser les gencives ni les séparer des dents.

Le gros de l'opération achevée, on passe un cure-dent de plume entre les dents; on les frotte avec une boulette de coton ou une racine mouillée et chargée de poudre dentifrice, et avec le miroir, on examine à l'intérieur si rien n'a été laissé. — Quand le limon est difficile à enlever avec la rugine, soit parce qu'il est près du collet ou qu'il occupe les gravures de la dent, on peut se servir d'une tige de bois pointue qu'on trempe dans un mélange d'acide muriatique avec cinq parties d'eau (Manuel de médecine opératoire, p. 104).

NOURRICE (*hygiène*). Le lait a une très grande influence sur tous les organes en général, et sur le travail de la dentition en particulier. Le travail, l'insomnie, les sueurs altèrent la bonté du lait, ainsi que les passions trop vives, telles que la colère, la frayeur. L'hygiène dentaire prescrit aux nourrices une vie calme et uniforme, des aliments substantiels. Les bains de pied et les sangsues produisent, dans quelques cas, les effets les plus salutaires. Les mères de famille doivent bien examiner la denture des nourrices, qui est un indice de santé. D'ailleurs les nourrices transmettent souvent aux enfants qu'elles allaitent les maladies dentaires dont elles sont affectées.

NOURRITURE. Il est très dangereux de substituer au lait si propice aux enfants, une nourriture artificielle, telle que les crèmes, les gâteaux de riz, le lait de vache ou de chèvre. A combien de dangers n'expose-t-on pas les nourrissons si on commet l'imprudence, comme cela arrive très souvent, de leur donner du vin, du café, de la liqueur.

O

OBLITÉRATION. Etat d'un canal ou vaisseau dont les parois sont adhérentes l'une à l'autre, de sorte que sa cavité est fortement retrécie.

Il y a oblitération des points et des conduits lacrymaux, —de la pupille du conduit auditif externe, — des conduits excréteurs de la salive. Dans certains cas, le conduit

Wharton est oblitéré, et il en résulte une tuméfaction plus ou moins considérable de la glande sous-maxillaire.

OBTURATEURS (*à bouton*). Ils se composent d'une plaque de métal semblable à celle des obturateurs à *branches*. A la partie convexe est soudé un bouton bombé, qui déborde la plaie de quelques millimètres ; ce bouton doit être introduit de vive force, pour qu'il tienne la plaque obturatrice collée contre la voûte palatine, et empêche ainsi que l'air ne pénètre dans les fosses nasales.

OBTURATEURS (*à verrou*). Ils se composent d'une plaque ayant un collet recouvert d'une seconde plaque munie de deux ailes, dont une soudée, horizontalement, déborde l'obturateur, et dont l'autre forme coulisse ou verrou à l'aide d'un petit bouton correspondant à la face palatine de l'obturateur. A cette plaque est pratiquée une espèce d'entaille pour faire glisser le bouton dans la coulisse. On remplit l'obturateur, une fois placé, avec un peu de cire, pour empêcher la circulation de l'air.

OBTURATEURS. On a donné le nom d'obturateurs aux moyens qu'on a découverts pour boucher ou *obturer* complètement l'ouverture accidentelle de la voûte palatine : les premiers, peu compliqués, étaient d'éponge, de cire, de coton, de liége de mastic. Mais comme on ne pouvait attendre aucune solidité de semblables moyens, on eut recours à divers appareils mécaniques.

OBTURATEURS (*à branches métalliques*). On essaya d'abord de modifier les obturateurs à éponge, parce qu'on savait que les ouvertures de la voûte palatine se cicatrisent avec le temps, pourvu qu'elles ne soient pas en contact avec des corps étrangers. On supprima l'éponge, et on plaça au-devant de l'ouverture une plaque métallique; cette plaque portait à ses deux côtés une branche à métal, liée aux dents voisines par des ligature, des ressorts ou des crochets.

OBTURATEURS (*à éponge*). Ambroise Paré en fut l'inventeur : il se compose d'une plaque de platine ou d'or de forme concave. Au centre convexe, est soudé un cercle d'or ou de platine un peu plus haut que les rebords de la plaie ; il est percé de petits trous, à travers lesquels on fait passer des fils de métal ou de soie, qui fixent un morceau d'éponge assez gros pour pénétrer, par l'ouverture, jusqu'aux fosses nasales, mais cet obturateur avait des inconvénients sans nombre : l'éponge se dilatait, s'imprégnait d'une odeur fétide ; aussi a-t-on renoncé depuis longtemps à l'invention d'Ambroise Paré.

OBTURATEURS-DENTIERS. Ils diffèrent des obturateurs *à branches* par la longueur de leur plaque, qui se prolonge jusqu'au niveau du bord alvéolaire, sur lequel viennent s'adapter les dents artificielles qui peuvent y être fixées au nombre de quatre, six, dix et même douze, par des goupilles ou des vis ; et quand ce sont des dents *incorruptibles*, on les soude à la plaque, dont les bouts en or, recourbés en forme de crochets, s'adaptent aux dents naturelles.

OBTURATEURS (*à ailes mobiles*). Ils ont une tige et quatre bouts de charnière soudés à la plaque supérieure de l'obturateur ; deux petites plaques ovales également munies d'une portion de charnière ; une petite plaque métallique percée de deux trous, à droite et à gauche desquels on a soudé un bout de fil formant crochet. Le premier de ces trous donne passage à la tige soudée à l'obturateur ; le second, qui est beaucoup plus large et taraudé, reçoit une vis dont la tête est taillée en croix. A une ligne de cette vis, que traverse une goupille, commence seulement ce qu'on nomme communément le *pas de vis*. Cette vis, qui passe dans toute l'épaisseur de l'obturateur, va se visser au taraud de la plaque à crochets. A l'aide d'un petit tourne-vis, on fixe la vis dans le taraud de cette plaque, dont on a fait entrer les crochets dans chacune des anses des plaques à charnières, que l'on élève et abaisse à volonté. La tige droite empêche la plaque à crochets de se mouvoir à droite ou à gauche.

ODONTALGIE (*par maladie de la dent*). On peut ranger sous trois groupes les maladies dentaires qui produisent l'odontalgie. — Les causes physiques. telles que la *fêture*, l'*entamure* ; — l'*inflammation* de la cavité dentaire, de ses membranes ; — la *carie,* qui n'est probablement qu'une sorte d'inflammation particulière du tissu dentaire.

ODONTALGIE (*par maladie des organes qui ont des connexions avec les dents*). L'odontalgie a souvent pour principe les causes morbifiques qui attaquent les gencives, les nerfs, les alvéoles. Les nerfs dentaires sont parfois le siége de douleurs vives, sans altération ni gonflement du tissu de l'os : cette affection s'appelle névralgie dentaire.

ODONTALGIE (*par causes extérieures*). Ces causes appartiennent à une autre région de l'organisme, ou sont le résultat des corps physiques environnants. On doit surtout signaler le transport des vices rhumatisants, goutteux, érésipélateux, dartreux phthisiques, sur une portion des arcs dentaires : l'air trop froid ou trop chaud cause aussi de violents maux de dents.

ODONTALGIE (*aiguë*). Connue vulgairement sous la dénomination de *rage de dents*. Elle produit des élancements insupportables dans les dents, les gencives, les joues et quelquefois même dans les oreilles ; elle peut occasioner des syncopes, des convulsions, la fièvre, les spasmes : elle prive entièrement du sommeil. Lorsque la joue et les gencives se gonflent, que la salive devient abondante, c'est un signe de soulagement prochain.

ODONTALGIE (*artrique ou odontayre*). Ce genre d'odontalgie a pour cause une métastase goutteuse : elle disparaît lorsque la goutte a été rappelée à son siége primitif.

ODONTALGIE (*catarrhale ou séreuse*). Elle se manifeste par le gonflement des gencives, par la sécrétion d'une grande quantité de mucosités buccales : on lui oppose des moyens antiphlogistiques. Si elle se prolonge, on emploie les collatoires aromatiques, sialogogues, les fumigations, les purgatifs, et quelquefois les topiques irritant la peau.

ODONTALGIE (*inflammatoire*). Elle diffère de l'odontalgie sanguine par la plus grande intensité : on suit en tout et pour tout le même traitement.

ODONTALGIE (*nerveuse*). Les nerfs dentaires sont parfois le siége de douleurs vives, sans altération ni gonflement du tissu de l'os ; ce genre d'odontalgie diffère des autres en ce qu'il n'y a ni chaleur, ni battement dans la partie, et qu'il n'est jamais suivi d'abcès. La douleur consiste le plus souvent dans des élancements déchirants qui reviennent par accès périodiques. Les femmes hystériques, les hommes irritables y sont très sujets : les émollients, les narcotiques sont d'excellents curatifs.

ODONTALGIE (*ou mal de dents*). C'est une des affections des plus fréquentes et des plus douloureuses auxquelles nous soyons sujets. Quelques praticiens placent exclusivement le siége de l'odontalgie dans la capsule dentaire, et pensent que cette affection est toujours de nature inflammatoire ; mais généralement on n'admet pas cette opinion, qui ne nous paraît pas être en rapport avec les connaissances acquises sur l'organisation des dents et de leur pulpe : les causes des maux de dents sont internes ou extérieures.

ODONTALGIE (*sanguine*). Elle a ordinairement pour cause la suppression d'une hémorragie nasale habituelle, des hémoroïdes, du flux mensuel. Les gencives sont rouges, légèrement gonflées ; la douleur est pulsative : on y remédie par la saignée au bras, les sangsues, les lavements, les bains. Les femmes enceintes, les nourrices sont très sujettes aux odontalgies sanguines.

ODONTALGIE (*rhumatismale*). Elle se développe dans les dents saines ou affectées de carie ; elle survient particulièrement dans les temps froids et humides. Les gencives ne sont ni rouges, ni gonflées ; on combat ce genre d'odontalgie par des sudorifiques, des frictions chaudes et aromatiques, l'application des sangsues sur les gencives, des vêtements de lainé sur la peau.

ODONTALGIE (*gastrite*). Suivant Plenck, l'odontalgie gastrite ou vermineuse est occasionée et entretenue par des vers intestinaux, lombrics ou ascarides, par un état suburral des premières voies : elle ne cède qu'à l'usage des moyens qui détruisent la cause.

ODONTALGIQUE. Remède propre à calmer les douleurs des dents. Le nombre de ces spécifiques augmente de jour en jour.

ODONTIASE. Synonime de *dentition*, nom donné par le professeur Chaussier, à la formation, l'éruption et l'usure des dents.

ODONTINE. Ce remède odontalgique succéda au paraguais-Roux et eut aussi une grande vogue. Le docteur Oudet, son inventeur, soutint contre la faculté de médecine une lutte qui fit plus connaître l'odontine que les guérisons opérées par ce spécifique.

ODONTOGÉNIE (du grec *odontoguenésis*). Génération des dents : c'est la partie de l'anatomie et de la physiologie qui traite du mode de formation des organes dentaires.

ODONTOIDE. Qui ressemble à une dent.

ODONTOLITHE (du grec *odontolitos, dent* et *pierre*). Nom qu'on donne aux concrétions phosphoro-calcaires qui s'amassent autour des dents qui ne servent plus à la mastication, ce qu'on croit le résultat de la concrétion de la salive (Voyez tartre).

ODONTOLOGIE. Discours ou traité sur les dents.

ODONTOPHIE. Production des dents (Voir dentition).

ODONTOTECHNIE (*odon techne*) ou mécanique dentaire; c'est l'ensemble des moyens mécaniques inventés pour réparer la perte des dents naturelles. On donne le nom de *prothèse* à cette partie de l'art du dentiste. Quoique le célèbre Urbain Hénard ait fabriqué des dents artificielles en 1581, l'odontotechnie ne fit aucun progrès avant le xviii® siècle : Fauchard jeta alors les fondements de la mécanique dentaire.

ODONTOTECHNISTE. Dentiste qui s'occupe spécialement de l'art de remplacer les dents naturelles par des pièces artificielles. On dit aussi et plus communément, *professeur de prothèse dentaire.*

ONCOTOMIE. Incision d'un abcès, d'une tumeur (Opération chirurgicale).

ONGLETS. Petit burin dont la lame plate et étroite est repassée en forme de bec de flûte. On s'en sert pour sculpter le cheval marin, ou pour réparer les pièces métalliques.

OPÉRATEUR. Celui qui fait des opérations. Dans les campagnes, on donne encore ce nom aux charlatans qui courent les foires et paraissent sur les tréteaux.

OPIUM. Plante soporifique dont l'extrait est employé dans certaines préparations et dentifrices connus sous le nom d'*opiats*. On se sert rarement d'opium et seulement lorsqu'il s'agit de calmer des odontalgies très violentes.

OPIATS. Préparations dans lesquelles il entre une certaine quantité d'opium. On a donné improprement ce nom à certains dentifrices qui ne diffèrent des autres que par une certaine quantité de miel ou de sirop qu'on y fait entrer.

OPIAT DU DOCTEUR HAUDEL. Il convient surtout quand l'odontalgie a son siège à la mâchoire supérieure, parce qu'on peut l'y placer immédiatement, ce qui ne serait pas praticable, si l'on se servait de médicaments liquides.

INGRÉDIENTS.

Opium thébaïque.	2 gram.	81	centigram.
Huile de jusquiame.	3 »	50	»
Extrait de belladone.	19 »	71	»
Extrait de camphre.	19 »	91	»
Huile de cajepet.	31 »	50	»
Teinture de cantharides.	31 »	50	»

OPIAT DE M. GARIOT (ex-chirurgien du roi d'Espagne).

Alun de roche.	15 gram.	13 centigram.	
Sang de dragon.	5 »	73	»
Canelle.	3 »	91	»
Mastic.	3 »	91	»

On a soin de réduire le tout en poudre très fine ; on y mêle une quantité suffisante de miel rosat pour en faire un opiat dont on se sert avec succès, après quoi on se lavera la bouche avec de l'eau aromatisée avec quelques gouttes de mon eau anti-scorbutique qui a remplacé avantageusement les élixirs des vieux praticiens.

OR. Pour tous les ouvrages d'or, il y a trois titres légaux :

Le 1ᵉʳ est à 920 millièmes ou karats 22 32ᵉ 1/2 (Voyez karat).

Le 2ᵉ est à 840 millièmes ou 20 karats 5 32ᵉ 2/8.

Le 3ᵉ est 750 millièmes ou 18 karats.

Le dernier titre est celui qui est le plus communément employé par les joailliers et orfèvres.

Les dentistes se servent de l'or, mais en ayant soin de reconnaître son plus ou moins grand degré de pureté.

Pour *orifier* et *obturer* les dents cariées, ils se servent d'or à 24 karats réduit en feuilles très minces.

Pour souder on emploie de l'or à 22 karats.

Les ressorts, plaques et crochets sont en or à 18 karats.

On peut souder sur platine avec de l'or à 12 karats.

La plupart des dentistes et surtout ceux de la province qui ne sont pas à portée d'acheter chez les marchands de l'or à différents titres, pourront faire les alliages avec les pièce de monnaie dont le titre respectif est indiqué dans le tableau suivant :

		karats.	32ᵉ	1000ᵉ.
	Ducat de Hanovre de 1712....	23	30	9J7
DANEMARCK.	Double ducat.. :	23	24	990
	Ducat courant.	21	4	880
HOLLANDE.	Ducat de 1756..	23	20	984
	Id. de 1801..	23	18	992
PRUSSE.	Ducat de Frédéric-Guillaume..	23	16	979
	Double Frédéric et simple.. . .	21	22	904
	Ducat de Hambourg de 1740. . .	23	16	979
ANGLETERRE.	Guinée de Georges Iᵉʳ. . . ⎫ Id. d'Anne d'Angleterre ⎪ Id. de Georges III. . . ⎬ ... Demi-guinée. . . . . . ⎭	22	»	917
	Quadruples du Pérou, du Mexique et d'Espagne.	21	24	»
FRANCE.	Louis de 1785, aux armes. . . .	21	20	901
	Id. de 1726, à la lunette. . .	21	16	896
	Id neuf, pièces de 20 fr. . . .	21	19	900
	Id vieux, de Louis XVI.. . . :	21	19	900

ORBITO-MAXILLAIRE-LABIAL. Muscle élévateur de la lèvre supérieure, mince, court, aplati, placé à la partie moyenne et interne de la face, au-dessous du contour de l'orbite. Il élève la lèvre supérieure en la portant un peu en dehors.

ORBITO-PALPÉBRAL. Muscle releveur de la paupière, long, grêle, aplati, et situé dans l'intérieur de l'*orbite*.

ORGANE. Mot par lequel on désigne les diverses parties constituantes des corps organisés, des végétaux, des animaux. On dit organes dentaires pour désigner les diverses parties qui concourent à former tout ce qui a rapport à la denture humaine.

ORIFIER. Se dit de l'opération par laquelle on obture une dent cariée avec de l'or.

OS DENTAIRES. La partie osseuse a presque tout le volume de la dent dont elle constitue la racine ; le collet a presque tout le corps : elle est beaucoup moins fragile que l'émail et présente une cavité qui occupe le centre de la couronne et se prolonge en se rétrécissant jusqu'au sommet ouvert de la racine. La texture de l'os dentaire est extrêmement dense; on n'y aperçoit ni vaisseaux, ni cellules médullaires : il est formé, surtout dans le corps de la dent, de petites lames supérieures tellement adhérentes qu'on ne peut les isoler ; il résiste longtemps à l'air, et si on le soumet à l'action d'un acide sa surface terreuse est dissoute ; si on le soumet au feu, il durcit et laisse un résidu blanc, dur et faible.

Analyse de la partie osseuse des dents par Berzélius.

Phosphate de chaux	61,95
Fluate de chaux.	2,10
Phosphate de magnésie.	5,30
Soude et chlorure de sodium. .	1,40
Cartilages, vaisseaux sanguins, eau.	28,00

OS (de bœufs). Ils n'ont pas d'émail, ce qui les rend absolument impropres pour la fabrication des dents artificielles. Cette substance, très poreuse, se décompose en quelques jours, et les praticiens consciencieux doivent la rejeter.

OSANORES-ROGERS (nouveau procédé d'odontotechnie bien supérieur à tout ce qu'on avait jusqu'à ce jour). Inventeur de ce nouveau système, il ne m'appartient pas d'en apprécier l'importance dans ce dictionnaire que j'ai écrit, non-seulement pour mes confrères, mais encore pour les gens du monde. Il est dangereux de parler de soi, et quelques précautions que l'on prenne, on a toujours mauvaise grâce en faisant son éloge. Cependant, comme cette invention a été le principe et le signal d'une heureuse révolution dans la science dentaire, et qu'elle a eu longtemps à soutenir la lutte d'antagonistes acharnés, je dirai même malintentionnés, qui ont fini pourtant par l'adopter, forcés qu'ils étaient dans les derniers retranchements de la routine et des vieux préjugés ; je dois dans mon intérêt privé, et surtout dans l'intérêt général, faire connaître en peu de mots la supériorité des dents artificielles dont l'invention m'appartient, quoi qu'en puissent dire certains de mes confrères.

Il me sera facile de démontrer la supériorité de mon invention, et pour cela je n'ai qu'à établir un simple parallèle entre les anciens procédés d'odontotechnie et les *osanores*

Anciens systèmes d'odontotechnie. — J'ai décrit exactement les divers procédés d'odontotechnie, employés depuis les temps les plus reculés jusqu'à nos jours. J'en ai assez dit pour prouver que cette partie de la mécanique dentaire a vainement lutté pendant plusieurs siècles, contre les innombrables difficultés qu'elle éprouvait dans les efforts qu'elle faisait pour imiter la nature.

Les dentistes d'Athènes, de Rome, ne connurent que les dents à crochets et les râteliers formés de plusieurs parties liées ensemble avec des fils d'or. Ils employaient indistinctement l'ivoire et l'hippopotame ; quelques-uns fabriquaient des dents d'or ; la pesanteur de ce métal rendait le procédé presque impraticable.

Les dentistes modernes formés à l'école de Fauchard, ont tenté d'améliorer leur art, et leurs inventions ont toujours trouvé des prôneurs, des imitateurs plus ou moins habiles.

Sans parler des diverses matières dont ils se sont servi, je vais signaler en peu de mots, les inconvénients de leurs procédés odontotechniques.

Les dents à crochets ne peuvent être assujéties d'une manière convenable ; elles sont vacillantes et finissent par ébranler les dents qu'on avait choisies pour point d'appui.

Les râteliers à ligatures ont le même inconvénient, et jusqu'à ce jour on n'a pas trouvé moyen d'y remédier.

Les dentiers à plaques d'or ou de platine, lésaient les gencives, étaient impropres à la mastication, et désagréables à la vue.

Les dents à pivots (ce système a eu une grande vogue) nécessitaient, de la part des malades, une grande patience, une grande énergie pour supporter les douleurs de cette cruelle opération. La perforation de l'os maxillaire, nécessaire parfois, n'était pas sans danger, et il arrivait souvent, qu'après des souffrances atroces, les malades étaient obligés d'arracher de leurs machoires les pivots qui avaient produit une irritation insupportable.

Les dentiers à ressort (on n'a pas encore abandonné complètement ce système) gênent horriblement les articulations maxillaires et rendent la mastication très difficile.

Mais je m'aperçois que cette énumération serait trop longue ; d'ailleurs, tout homme dont la mission se borne à critiquer, ne fait rien pour le perfectionnement de la profession qu'il exerce ; celui qui veut être utile à ses semblables, doit montrer le remède à côté du mal, porter son rayon de miel à la ruche commune, pendant que le frélon bourdonne dans son impuissance et son oisiveté. J'ai compris qu'après avoir signalé les erreurs de mes devanciers, je devais mieux faire qu'eux ; en un mot, qu'il fallait créer un nouveau système d'odontotechnie : j'ai obtenu ce résultat après de longs travaux. Les *osanores* sont, depuis quelques années, en voie de prospérité ; ni les critiques acerbes de quelques praticiens, ni la méfiance qu'on professe toujours contre une invention qui n'a pas encore obtenu droit de bourgeoisie dans le monde savant et artistique, n'ont pu arrêter la réussite de mon système. Bien différent de plusieurs de mes confrères, je me suis gardé de solliciter un brevet, parce que ma pensée intime est que tout homme qui a fait une découverte utile à ses semblables, doit à l'instant même la livrer au public, au lieu de restreindre son idée aux étroites proportions de l'exploitation mercantile.

Avec les osanores, plus de douleurs, plus de sang versé. — Le premier avantage de mon système sur tous les autres, est de mettre les personnes atteintes d'odontalgies, ou privées de leurs dents par accident ou maladie, à l'abri des craintes insurmontables qu'inspiraient avant moi tous les appareils d'odontotechnie.

Facilité de mettre, quitter, de nettoyer un râtelier osanore. — Les râteliers fabriqués d'après les anciens systèmes, étaient ou à ressort, ou à plaques, ou à ligatures, ou tous ces moyens se trouvaient réunis. Ces procédés avaient tous un grand inconvénient. Il était très difficile, pour ne pas dire impossible, d'ôter de sa bouche la pièce artificielle. Les ressorts se trouvant comprimés, causaient une grande douleur dans l'arrière région de l'arcade maxillaire : quant aux dents à pivot, implantées dans la racine des dents, elles y adhéraient d'une manière trop forte, pour qu'il fût possible de les ôter sans s'exposer à quelque danger, ou du moins à des douleurs très vives.

Il n'en est pas ainsi des dents osanores : toute dame peut les mettre et les ôter aussi facilement qu'un dé au bout d'un de ses doigts. Le socle du dentier s'adapte, il est vrai, aux gencives, mais la pression n'est pas telle qu'on ait à redouter le moindre inconvénient, lorsqu'on les ôte pour les nettoyer, ou se mettre à l'aise la nuit et le jour. Voilà donc une des plus grandes difficultés vaincues, et ce seul résultat est immense.

La fracture des dents artificielles osanores est impossible. — Les dents artificielles sont, comme les dents naturelles, sujettes à se casser pendant la mastication, par suite de coups et mille autres accidents.

La fracture d'un dentier à ressort avait souvent les suites

les plus graves ; les gencives étaient déchirées ; les arcades dentaires éprouvaient des contusions très douloureuses.

On conçoit facilement qu'une dent à pivot ne pouvait se casser sans causer une sensation très vive dans toute la région buccale. Le pivot, implanté dans la racine de la dent, ébranlait cette partie de la mâchoire, et il s'en suivait ordinairement des inflammations qui mettaient le dentiste dans l'impossibilité d'implanter une nouvelle dent artificielle au même endroit.

Lors même qu'un dentier à plaques ou à crochets ne casserait pas, il devrait être rejeté pour les graves inconvénients qui résultent de son oxidation, ou, comme le fait remarquer M. Orfila, par l'espèce de galvanisme qui se produit toujours par le contact de deux métaux.

On n'aura rien à craindre de pareil, lorsque mes confrères, renonçant enfin à la vielle méthode, auront adopté les osanores. Les râteliers fabriqués d'après mon système ne sont, dans aucun cas, dangereux pour la bouche. Si les dents taillées sur un même socle qui leur sert de base, viennent à se casser par accident, il n'en résulte aucun inconvénient ; il est très facile de remédier à la fracture ; on n'a qu'à prendre un autre râtelier. Les gencives n'éprouvent même pas la plus légère atteinte.

Les osanores imitent parfaitement les dents naturelles. — Non content d'avoir prévenu et rendu désormais impossibles les accidents qui surviennent aux personnes qui portent des râteliers artificiels, j'ai aussi voulu que mes osanores imitassent la nature au point que l'œil le plus exercé puisse s'y méprendre. J'ai éprouvé de très grandes difficultés pour arriver à ces résultats, mais enfin j'y suis parvenu. Je donne à la matière une blancheur, une solidité qu'on n'a pu imiter jusqu'à ce jour. J'étudie la forme des dents qui restent et qui me servent de modèles pour la fabrication des *osanores,* je saisis d'un clin d'œil le degré de rougeur des gencives, et par un procédé chimique connu de moi seul, je colore au même degré, le socle qui s'adapte à la gencive et en imite parfaitement l'incarnat.

Les osanores sont aussi bonnes pour la mastication que les dents naturelles. — Les dents à pivot, à plaques, à crochets, les dentiers à ressort, servaient seulement à réparer les désastres de la bouche ; mais on n'a pas ouï dire que personne ait pu en user facilement pour la mastication. On courait risque de rompre le pivot, de détacher les crochets et les plaques, de démonter les ressorts.

Mes osanores sont libres de toutes ces entraves. Taillées sur un socle qui s'appuie également sur toute l'arcade dentaire, la pression nécessaire pour broyer les substances alimentaires, ne cause pas la moindre douleur. Mes râteliers, sculptés avec une précision mathématique, s'harmonisent si parfaitement, que l'articulation est complète et que la voix se trouve dans la meilleure des conditions pour se faire entendre. Les interstices laissés trop souvent par les dentiers communs, ne peuvent avoir lieu avec mon système, et l'on sait de quelle importance il est pour les personnes à poitrine délicate, de respirer un air plus ou moins chaud.

Les râteliers inférieurs et supérieurs tombent avec harmonie l'un sur l'autre et s'emboîtent comme dans la nature. Rien ne peut être à désirer sous le rapport de la mastication.

Je pourrais citer plusieurs de mes clients qui, avec un râtelier complet, cassent des noix, des amandes, et broient

les corps les plus durs. Ce résultat suffirait seul pour éter-
niser le succès de mon système, qui est déjà adopté par les
plus célèbres praticiens de l'Europe (1).

OSSIFICATION (*des dents*). Voici, d'après Richard,
l'ordre dans lequel les dents commencent à s'ossifier : la
première, la deuxième, la quatrième, la troisième et la cinquième : ou bien assez souvent, la première, la quatrième,
la deuxième, la troisième et la cinquième. L'os ou la partie
éburnée de la dent se forme le premier, et on le voit paraître
au sommet de la papille dentaire sous la forme d'une petite
calotte, unique pour les dents incisives et canines, et multiple pour les molaires. Cette petite calotte qui a déjà la
forme de l'extrémité libre de la dent, est la lame d'ivoire
qui sera immédiatement recouverte par l'émail : elle augmente successivement de largeur et finit par couvrir entièrement la papille. Dans les dents à papilles divisées, comme
les molaires, les petites calottes éburnées, en augmentant
de largeur, se rencontrent par leurs bords et finissent par
n'en former plus qu'une seule, composés d'éminences égales en nombre à celles de la pulpe. Elle augmente aussi
successivement d'épaisseur, mais du côté inférieur, c'est-à-
dire du côté de la papille, qui, en conséquence, doit le réduire ou diminuer proportionnellement de volume, phénomène qui a dû faire penser que l'éburnification résultait
d'une transformation de la papille en ivoire, par une dépo-
sition calcaire dans son tissu, ce qui est tout-à-fait contraire
à l'opinion généralement adoptée par les anatomistes mo-

---

(1) *Encyclopédie du Dentiste*, par William Rogers, troisième
édition ; un gros volume in-8. Paris, chez l'auteur, rue Saint-
Honoré 470, et chez Germain Baillière, éditeur, rue de l'Ecole-
de-Médecine, 17.

dernes, savoir : que l'éburnification est une production qui a lieu à la surface de la pulpe et non une transformation de son tissu.

OSSIFICATION (*de la pulpe dentaire*). Cette affection présente deux variétés : dans une dent usée, la pulpe s'ossifie dans le voisinage de la table qui renferme encore le canal de la dent : cette ossification est ordinairement un bienfait de la nature, parce qu'elle retarde le moment où sa cavité dentaire sera exposée au contact de l'air et des aliments.

OSTÉO-DENTAIRE. Partie osseuse de la dent.

P

PALAIS (*imperfections du*). La nature, dit le dentiste Fox, laisse souvent la structure du palais imparfaite ; il y a même beaucoup de variétés de ce genre de défectuosité. On peut rarement remédier à ces défauts (M. Fox écrivait en 1814). On attache seulement des palais artificiels aux dents ou bien aux côtés de la fissure elle-même. Si les dents n'ont pas acquis toute leur consistance, des attaches indispensables en causeront infailliblement la perte. D'un autre côté, en fixant le palais aux fissures, on risque de les élargir, ou du moins d'empêcher la contraction que la nature pourrait elle-même opérer. Quelquefois les fissures sont encore accompagnées d'un *bec-de-lièvre*, et dans ce cas, l'os de la mâchoire est déformé et jeté en avant. Les os du palais sont quelquefois affectés par des maladies syphilitiques. Souvent on perd une partie de l'os palatin, des cloisons alvéolaires avec quelques dents de devant. En général,

on remédie facilement aux défectuosités du palais lorsqu'elles ne sont pas accompagnées de la perte du *voile;*
mais lorsqu'il n'existe plus, l'extrême irritabilité des parties
avec lesquelles il était en connexion rend le succès incer-
tain. Les os palatins sont quelquefois sujets à l'exostose
qui détruit la forme arquée du toit de la bouche.

PALAIS ARTIFICIELS-ROGERS (*ou 'obturateur*). Ces
palais artificiels, faits d'une matière douce et légère à la
bouche, tiennent à l'instar des *osanores* par la force de la
succion : on peut les ôter, les nettoyer à volonté, de même
que les râteliers ordinaires. Il y a huit ans environ, une
Américaine, madame de G..., âgée de 24 ans, se présenta
chez M. Rogers pour le prier de prendre soin de sa bouche.
A la première inspection, il vit qu'elle n'avait pas de palais.
Les incisives garnissaient la partie antérieure des deux
mâchoires; mais la jeune dame n'avait pas une seule molaire. Le nez et les joues n'étant pas soutenus par les os
de la voûte palatine pendaient de la manière la plus désagréable. M. Rogers prit exactement la dimension de la
bouche, il fabriqua un palais artificiel qu'il parvint à assujettir parfaitement. Voici comment il procéda.

On sait déjà que la jeune dame n'avait aucune molaire;
M. Rogers mit à profit l'absence de ces dents, et choisit la
place qu'elles auraient dû occuper pour base de son *obturateur.* La jeune Américaine eut en même temps des molaires et un palais qui ne la gênèrent en rien, qu'elle ôtait et
nettoyait à volonté, parce que cette grande pièce artificielle
tenait par la succion à l'instar des osanores.

Ce fait est connu de tout le monde ; il attira à M. Rogers
les félicitations de ses confrères. L'inventeur invoque ici
leur témoignage contre les tentatives qu'on fait pour lui enlever le mérite d'une découverte qui est désormais ac-
quise à la science.

PARAGUAY-ROUX. Remède odontalgique qui a été exploité pendant quelques années avec beaucoup de succès... pour les inventeurs.

FORMULE :

Feuilles et fleurs d'inula bifrons.	1 partie.
Fleurs de cresson de para.	4 »
Racine de pyrèthre.	1 »

Coupez, incisez toutes ces substances, faites les macérer pendant quelques jours dans :

Alcool à 33 degrés.	8 parties.

Exprimez et filtrez (Formulaire de M. Foy).

PAROI. Nom que la médecine applique par une comparaison à désigner toutes les parties qui forment la clôture, les limites des différentes cavités du corps. On dit *parois buccales.*

PARODONTIDES. Excroissances qui s'élèvent sur les gencives (Voir parulies).

PAROXISME. Exaspération des symptômes d'une maladie ; augmentation de douleur, d'irritation.

PARULIES (Voir abcès des joues).

PASTILLES VERMIFUGES DE BARTHEN. On les fabrique de la grandeur d'une pièce de 4 fr. On les donne aux enfants attaqués de vers et sujets aux convulsions que

cause très souvent la sortie des dents de lait. La dose est
de 1 ou 2 par jour.

INGRÉDIENTS.

Sucre. . . . .   500 gram.
Muriate doux de mercure. . . . .   7 »   81 centigram.
Mucilage G. S.

PATHOLOGIE. Ce mot signifie littéralement discours sur
les maladies : ainsi, la pathologie dentaire n'est, à proprement parler, qu'un traité théorique des maladies, des affections des dents.

PÉLICAN. Instrument de chirurgie recourbé comme un
crochet ou le bec de l'oiseau dont il porte le nom; il est
composé d'une tige terminée à une extrémité par un manche, et de l'autre, par une surface dentilée formant point
d'appui. Pour extraire une dent, on place le point d'appui
sur l'alvéole, et le crochet embrassant l'os le renverse et
l'emporte par le mouvement de bascule qu'on fait faire à
l'instrument. On a substitué le *davier* au pélican.

PERFORATION (*des gencives*). Elle se fait ordinairement
avec facilité, parce que le tissu pulpeux et la membrane
muqueuse s'amincissent peu à peu, à mesure que l'éruption
s'approche. La dent sortie, les tissus membraneux contigus
s'unissent par leurs bords, adhèrent ensemble à son collet,
et constituent un bourrelet qui en assure la solidité.

PÉRIGLOSTIS. Nom que l'on donne à la glande épiglo-
stique. C'est un petit corps graisseux et celluleux dans sa
presque totalité, envoyant des prolongements dans chacun
des trous qui recouvrent l'épigloste.

15.

PHLOGISTIQUES. Maladies buccales produites par l'inflammation.

PHLOGOSE (*inflammation*). Le plus souvent on se sert de ce terme pour désigner une inflammation légère, superficielle, et il est alors synonime d'existhème. Il existe plusieurs cas de phlogoses buccales.

PHLOGOSE GENCIVALE. L'inflammation des gencives devient parfois intense et fait des progrès alarmants: les organes digestifs en souffrent; il faut, dans ce cas, recourir aux boissons adoucissantes, entretenir la liberté du ventre, faire respirer au petit malade un air chargé de molécules aqueuses chaudes; employer les sédatifs qui peuvent diminuer la congestion cérébrale et prévenir les convulsions. Si le gonflement des gencives tend à augmenter, on doit pratiquer l'incision, mais avec beaucoup de prudence.

PHYSIONOMIE (*ou face humaine*). Les dents en font partie en contribuant beaucoup à sa beauté, à sa régularité, à sa grâce ou à sa majesté (Voir *séméiologie buccale*).

PHYSIOGRAPHIE. Description des lois de la nature: *poysiographie dentaire,* description de tout ce qui a rapport à la denture humaine.

PHYSIQUE (*dentaire*). Elle a pour objet l'étude et la connaissance des substances dont se composent les dents; l'appréciation de l'influence bonne ou mauvaise que peuvent exercer les agents extérieurs sur l'organisation buccale. Elle a aussi pour objet l'étude de la décomposition des substances jugées utiles pour certains remèdes.

PICOTEMENT (*punctio*). Sensation de piqûres légères et multipliées qu'on éprouve sur la peau, accompagnées de chaleur et de prurit, quelquefois même d'un peu de douleur. Le picotement est très souvent le prélude des affections buccales.

PIÈCE. On n'emploie guère ce mot que pour désigner des pièces anatomiques, des râteliers artificiels partiels ou complets.

PIÈCES COMPOSÉES. On donne le nom de *pièces* à plusieurs dents unies entre elles de différentes manières, et fixées par des plaques, des ligatures, des ressorts, des crochets. On sculpte les *pièces composées* en entier dans un morceau d'hippopotame ; quelques professeurs de prothèse montent des dents humaines, ou en pâte minérale, sur des plaques métalliques.

PIERRES VERTES. Après les avoir mouillées, on s'en sert pour adoucir les pièces montées sur or ou sur platine : elles ont à peu près la grosseur d'une petite plume d'oie.

PINCE (*droite*). Pour être convenablement fait, cet instrument doit être long de 217 millimètres ; la longueur de ses mâchoires ou *mors* ne doit pas dépasser 48 millimètres. Cette pince convient en général pour extraire les incisives, les canines, les petites molaires ; ses branches doivent être droites et cannelées, afin de ne pas glisser dans la main. Pour se servir de la pince droite, on soulève la lèvre avec l'index de la main gauche, dont on place le pouce sur le bord des dents ; dirigeant ensuite le bout de l'instrument vers la dent que l'on veut extraire, on la saisit le plus haut possible de son collet et en dessous de la gencive ; puis on la serre de manière à ne pas la briser, mais assez cependant pour que l'instrument ne glisse pas : cela fait, on exécute des mouvements de demi-rotation, et en ébran-

lant la dent, on la dirige vers le bord externe de l'alvéole.

PINCE (*courbe*). Ses *mors* ont une légère courbure dans
le sens contraire de leur articulation, courbure qui se prolonge le long de ses branches, mais dans une direction op-
posée. On se sert principalement de cet instrument pour
saisir, au fond de la bouche, des dents à moitié extraites
et qui offrent peu de résistance.

PINCES (*coupantes*). On s'en sert pour couper les fils de
métal.

PINCES (*à coulant*). On s'en sert pour tenir les pièces
quand on les lime.

PINCES (*plates et rondes*). On les emploie pour contour-
ner et donner aux pièces les formes convenables : elles servent encore à une infinité d'autres usages.

PINCES (*coupantes, droites ou courbes*). Ces pinces,
inventées par M. Fay, dentiste américain, servent à couper
les dents à leur couronne : les mors de ces pièces sont si
tranchants, qu'on peut *exciser* les dents les plus grosses,
sans les faire éclater.

PINCETTES. Longues pinces très flexibles, dont on se sert
pour tasser et placer le charbon dans les fourneaux.

PINCES (*à tirer*). Grosses tenailles ; on se sert de leurs
fortes mâchoires pour tirer le fil à la filière.

PINCE (*de M. Rogers*). Particulièrement employée pour
les dents d'en haut, cette pince à pièces artificielles est indispensable pour les dents *osanores*, dont l'adhésion est si
forte, que les doigts et les ongles sont impuissants.

PINCE (*à pièces artificielles de M. Rogers*). Elle sert pour les pièces de la mâchoire inférieure : les deux branches s'alongent et se raccourcissent moyennant la vis du milieu que l'on change de place à volonté.

PITE (*fil de*). Le *pite* ou *crin de Florence* est fourni, dit-on, par le ver à soie au moment où il va filer. On le trempe dans le vinaigre, et on le met sécher sur une planche, en l'attachant fortement aux deux extrémités ; cette ligature est si transp:rente, qu'on l'aperçoit à peine sur les dents : le seul inconvén:ent qu'elle présente est sa tendance à s'alonger par l'effet de l'humidité.

PLAIE. On nomme ainsi toute solution de continuité faite aux parties du corps par une cause mécanique, qui résulte le plus ordinairement de l'action d'un corps étranger sur le nôtre, et peut aussi dépendre de l'action même de nos organes. Il ne faut pas confondre les ulcères de la bouche avec les plaies qui présentent rarement un caractère dangereux.

PLANTIN. Un peu de racine de cette plante, placée sur la dent d'où vient la plus grande souffrance, calme les odontalgies violentes ; mais le soulagement n'est que momentané.

PLAQUES (*pour passer les pièces artificielles au feu*). Il y en a de trois sortes :

Les premières sont carrées, rondes et en même terre que les *mouffles* : elles ne se déjettent pas par l'action du feu.

Le ssecondes sont des morceaux de tôle rougis au feu, puis frappés à coups de maillet.

Les troisièmes plaques, bien préférables aux autres, ont en platine.

PLOMBER. Avant de plomber une dent, on la cautérise pour priver le nerf dentaire de son excessive sensibilité. On doit s'assurer, en outre, qu'il n'existe pas le moindre suintement dans le canal, que le froid ou le chaud, ni le contact des instruments ne l'affecteront pas trop douloureusement. On se sert pour cela d'une sonde, et si la dent cariée est insensible à toute espèce d'impression, on peut procéder à l'obturation sans crainte aucune. Pendant plusieurs années, les praticiens ont employé le plomb exclusivement ; on s'est servi depuis de plusieurs métaux, de diverses substances : les principales sont l'or, le platin en feuilles, le mastic fusible et mille autres compositions. — On a renoncé au plomb, parce que le métal finit par s'oxyder, et dépose sur la dent un détritus noirâtre ; on lui a substitué l'étain de Job pareil à celui dont se servent les miroitiers pour étamer les glaces. On se sert de platine ou d'or pour obturer les incisives. — Le métable fusible de M. Darret a eu quelque vogue : cet alliage se composait de :

8 parties de bismuth ;

5 de plomb ;

3 d'étain.

Depuis on y a substitué $\frac{1}{10}$ de mercure pour le rendre fusible. — Le grand inconvénient de cette composition, c'est de ne pouvoir être employée qu'après avoir été chauffée.— M. Rogers a simplifié le *plombage* des dents qui rebutait plusieurs personnes, parce que l'opération est ordinairement suivie de douleurs très vives (voir *ciment-Rogers*, ou manière de plomber les dents à froid).

POIDS. Dans tous les ateliers de dentistes, on trouve un assortiment de poids anciens et de poids nouveaux. Quoique le nouveau système soit généralement connu, je crois devoir donner la table de comparaison avec l'ancien.

TABLE DE CONVERSION

DES ANCIENS POIDS EN NOUVEAUX, ET DES NOUVEAUX POIDS EN ANCIENS.

ANCIENS POIDS EN NOUVEAUX.			NOUVEAUX POIDS EN ANCIENS.					
	gramm.	millig.		marc.	onces.	gros.	grains.	100^e
1 grain.	»	35	1 gramme.	»	»	»	18	83
2	»	106	2	»	»	»	37	65
3		159	3	»	»	»	56	48
4	»	212	4	»	»	1	3	31
5	»	266	5	»	»	1	22	14
6	»	319	6	»	»	1	40	96
7	»	372	7	»	»	1	59	79
8	»	425	8	»	»	2	6	62
9	»	478	9	»	»	2	25	44
10	»	531	1 décagramme.	»	»	2	44	27
20	1	62	2	»	»	5	16	54
30	1	593	3	»	»	7	60	81
40	2	125	4	»	1	2	93	09
50	2	656	5	»	1	5	5	36
60	3	187	6	»	1	7	49	63
70	3	718	7	»	2	2	21	90

	grammi.	millig.
1 gros.	3	824
2	7	649
3	11	473
4	15	297
5	19	121
6	22	946
7	26	770
1 once.	30	594
2	61	188
3.	91	782
4	122	376
5	152	971
6	183	565
7	214	159
1	244	753

	marc.	onces.	gros.	grains.	100e
8	»	2	4	66	17
9	»	2	7	38	44
1 hectogramme.	»	3	2	10	72
2	»	6	4	21	43
3	1	1	6	32	15
4	1	5	»	42	86
5	2	»	2	53	58
6	2	3	4	64	29
7	2	6	7	3	01
8	3	2	1	13	72
9	3	5	3	24	44
1 kilogramme·	4	»	5	35	15

POINÇONS. Morceaux d'acier très effilés dont on se sert pour marquer, percer et tracer des lignes.

POLYPES. Tumeurs nées et implantées dans le tissu cellulaire des membranes muqueuses : quelques dentistes font depuis peu d'années l'opération des polypes qui appartient à la chirurgie proprement dite.

POMMADE A LA SULTANE. Elle adoucit la peau et fait disparaître les rougeurs. On s'en sert avec succès pour frictionner les joues des enfants pendant l'éruption des premières dents de lait ; elles diminuent les douleurs cruelles qu'ils éprouvent.

INGRÉDIENTS.

Cire blanche..	11 gram. 73 centigram.
Blanc de baleine.	62 » 50 »
Baume de la Mecque.	12 gouttes.
Lait virginal à la rose.	3 » 91 »

On fait fondre la cire et le blanc de baleine ; on verse la fusion dans un mortier de marbre blanc ; on y ajoute ensuite le baume et le lait virginal, on bat ensuite le tout jusqu'à ce que la pommade soit très blanche.

PONCER. Unir des substances que l'on rend mates avec la pierre ponce.

PORTE-LIME ET FORET A ROTATION *(de M. Rogers)*. Le porte-lime est d'une utilité imminente pour nettoyer la carie des dents et des racines dans le cas de plombage.

L'inconvénient des équarrissoirs ordinaires est connu de tous les dentistes : ils savent qu'ils dévient sous le mouvement des doigts, et qu'ils occasionent la cassure des dents faibles. L'instrument de M. Rogers a pour but d'aplanir toutes les difficultés. Les forets et les limes à rotation, sur des porte-limes mis en mouvement par des crochets, doivent être rejetés par les professeurs de prothèse, comme un appareil trop effrayant pour les clients.

PORTE-EMPREINTE-ROGERS. Ce porte-empreinte articulé, se meut en arrière et en avant moyennant le manche et la vis régulateurs. Le manche de la cuvette A est enclavé dans celui de la cuvette B. L'on se sert de cette cuvette dans les cas où il ne reste plus de dents. S'il y en a, l'on fait usage de cuvettes creuses adaptées à ce même manche.

POUDRE DENTIFRICE DU DOCTEUR LOUSELAND (*propriété*). Elle nettoie parfaitement les dents, raffermit les gencives, et donne à l'haleine une odeur agréable.

On emploie cette poudre en en frottant légèrement les dents, au moyen d'une brosse qui ne doit être ni trop forte, ni trop faible.

PROPORTIONS DES INGRÉDIENTS.

Quinquina rouge et pulvérisé. .	62 gram. 50 centigram.
Bois de sandal rouge pulvérisé. .	31 » 25 »
Huile volatile de girofle.	12 gouttes.
Huile volatile de Bergamotte.. .	8 gouttes.

POUDRE DE ROSENSTEIN (*pour les nourrices*). Cette poudre augmente le lait des nourrices, l'empêche de s'aigrir, et contribue par conséquent à maintenir en bonne santé les petits nourrissons qui font leurs premières dents sans danger.

INGRÉDIENTS.

Magnésie anglaise..	31 gram. 25 centigram.
Écorce d'orange en poudre. . .	3 » 91 »
Semence de fenouil en poudre. .	3 » 91 »
Sucre blanc.	7 » 81 »

On mêle le tout avec le plus grand soin, et on le divise en prises de 3 grammes 91 centig.

On en fait prendre deux ou trois fois par jour.

POUDRE DÉTERSIVE (*dentifrice*). Cette poudre nettoie les dents, fortifie les gencives : il faut la conserver dans un endroit bien sec. On peut, sans inconvénient, s'en servir deux ou trois fois par semaine. Les enfants et les adultes ne doivent y recourir qu'à de longs intervalles. La *poudre détersive* donne à la bouche une fraîcheur des plus agréables.

FORMUMLE.

Magnésie anglaise........,..	500 grammes.		
Crème de tartre..........	500	»	
Sulfate de quinine........	19	» 53 centigram.
Cochenille............	46	» 39	»
Huile essentielle de menthe anglaise.... ·	15	» 63	»
Huile essentielle de canelle....	11	» 72	»
Huile essentielle de néroli....	7	» 81	»
Esprit d'ambre musqué.......	3	» 91	»

Il faut réduire ces diverses substances en poudre impalpable.

POUDRE TONIQUE. Quelques praticiens ont fait, avec du charbon et du quinquina, une préparation tonique et détersive qui a eu quelque vogue, mais dont le succès n'a jamais été bien constaté.

FORMULE.

Charbon de bois blanc porphyrisé	250 gram.	
Quinquina..	125 »	
Sucre blanc.	250 »	
Huile essentielle de menthe . . .	15 »	63 centigram.
Huile de canelle.	7 »	81 »
Esprit d'ambre musqué et rosé..	2 »	50 »

Cette poudre peut être d'un très bon effet pour purifier les gencives et raffermir les dents vacillantes.

PRATIQUE, ou exercice d'un art, d'une science quelconque : pratique médicale, pratique dentaire.

PRÉCEPTES GÉNÉRAUX POUR LA CONSERVATION DES DENTS. On peut les résumer de la manière suivante :

1° Ne jamais se laver la tête avec de l'eau froide ; ne pas employer de répercussif pour faire disparaître les taches du visage, ni aucune pommade métallique pour teindre les cheveux ;

2° Ne pas casser des corps trop durs avec les dents ;

3° Ne pas rompre, comme le font les femmes et les enfants, des fils ou tout autre lien avec les incisives ;

4° Ne laisser séjourner aucune substance étrangère dans les cavités que les dents peuvent présenter ;

5° Avoir la précaution de ne pas prendre des aliments ou des boissons froides après des aliments et des boissons chaudes : la transition est ordinairement très funeste ;

6° Éviter les lieux bas et humides, les bords des rivières, des étangs, et surtout des marais ;

7° S'abstenir de tous les aliments et boissons qu'on sait être funestes aux organes dentaires.

PRÉCEPTES (*d'odontotechnie*). Tout ce qui a été dit sur les dents artificielles peut se résumer de la manière suivante :

1° Il faut renoncer aux dents faites avec la nacre de perle, l'émail tendre, les os de bœuf, la cire, l'ivoire ;

2° Dans quelques circonstances seulement, on peut, mais avec la plus grande réserve, employer les dents de bœuf, de cerf, de mouton ;

3° L'hippopotame est la meilleure de toutes les substances pour fabriquer des dents artificielles ;

4° Les dents humaines ne peuvent être employées, parce qu'elles inspirent une trop grande répugnance ;

5° Les dents, dites incorruptibles, gênent horriblement les gencives, ne tiennent jamais d'une manière bien solide, et ne peuvent servir à la mastication.

PRÊLE. Plante à tiges creuses et fort rudes au toucher. Quelques dentistes s'en servent pour polir et adoucir les pièces en hippopotame.

PRÉOMINENCE (*des dents*). La préominence est un des rapports vicieux que présentent les arcades dentaires ; elle n'existe que chez les sujets dont les mâchoires sont étroites. Dans ce cas, les arcades dentaires sont obliques, saillantes en avant ; quelquefois les incisives sont si préominentes, que la bouche en est déformée. On a longtemps employé, pour combattre ce vice dentaire, des cordonnets, des fils de soie, toutes sortes de ligatures. Le *régulateur-Rogers* remplace très avantageusement les moyens de l'ancienne prothèse.

PROÉMINENT. Partie qui fait saillie au-dessus des autres : on dit une dent proéminente.

PROPRETÉ (*de la bouche*). Toute personne qui veut conserver ses dents saines et belles, doit entretenir sa bouche dans un état de parfaite propreté. L'eau est un préservatif souverain contre les nombreux accidents qui détériorent la denture humaine ; aussi, chaque matin, riches et pauvres ont recours aux lotions, aux frictions ; et ce qui n'est chez les chrétiens qu'une mesure de propreté, est un acte de religion pour les Orientaux. — « Les Musulmans, dit le botaniste Tournefort, dans *son voyage du Levant*, pour faire la petite ablution, tournent la tête du côté de la Mecque ; ils rincent trois fois leur bouche, et se nettoient les dents avec une brosse. »

PROTHÈSE DENTAIRE. On a donné ce nom à la partie de l'art du dentiste, qui a pour objet de substituer des pièces artificielles aux dents perdues par accidents ou maladies. Généralement parlant, la prothèse chirurgicale consiste à ajouter au corps humain une pièce artificielle, pour rétablir des fonctions perdues, ou pour en rendre l'exercice plus facile. En termes vulgaires, les mots *prothèse dentaire* signifient *art de placer des dents*.

PTÉRIGO-ANGULA-MAXILLAIRE. Muscle ptérygoïdien interne.

PTÉRIGO-COLLI-MAXILLAIRE. Ou muscle ptérygoïdien externe.

PTÉRYGOIDE. Qui a la forme d'une aile.

PTÉRIGO-MAXILLAIRE. Dénomination donnée par le professeur Chaussier au muscle ptérygoïdien externe et au ptérygoïdien interne.

PTÉRIGO-PALATIN. Muscle qui appartient à l'apophyse ptérygoïde et à l'os palatin.

PTYALISME. Salivation ou plutôt flux de salive causé par l'usage du mercure : le ptyalisme est très funeste à l'organisation buccale.

PULPE. On a donné ce nom aux parties tendres, charnues des végétaux et des fruits, séparées par des moyens convenables. On a donné par extension cette même dénomination à la partie charnue du canal dentaire.

PULPEUX. Qui est plein de pulpe : on dit le *noyau pulpeux de la dent.*

PULPE DENTAIRE. Espèce de garganglion dit M. Cloquet, d'une sensibilité exquise, lequel se continue avec le pédicule vasculaire et nerveux qui entre par la racine, et dont il ne semble être que l'épanouissement. Cette *pulpe,* ou noyau *pulpeux de la dent,* ne serait, d'après Béclard et les plus savants anatomistes, qu'une papille de la membrane muqueuse de la bouche, qui forme les gencives et se prolonge dans les alvéoles, et, du fond de ses cavités, envoie dans celle de l'ivoire un prolongement renflé qui la remplit exactement. Cette papille est pourvue de ramuscules nerveuses et vasculaire qui paraissent se distribuer spécialement à sa surface. C'est par la pulpe dentaire que nous ressentons le froid et le chaud ; son excessive sensibilité la fait comparer à la substance gélatineuse qui tapiss le labyrinthe de l'oreille.

PULPE DENTAIRE (*maladie de la*). L'inflammation de la

pulpe est quelquefois occasionée par une affection rhumatismale, goutteuse, ou par la phlegmasie de quelques parties voisines de la bouche : l'inflammation se termine ordinairement par la *résolution* ou écoulement du pus ; mais la dent·reste longtemps engourdie, très sensible au froid et au chaud. Le traitement consiste dans des saignées locales, et des applications émollientes.

PULVÉRISATION. Opération mécanique dont l'objet est de réduire les corps en particules très fines ; quelque loin que l'on porte cette opération, jamais elle ne peut trop réduire un corps, surtout lorsqu'il s'agit de broyer des minéraux pour composer des dentifrices. Depuis quelques années, les poudres tombent heureusement en désuétude.

PUS. Liquide produit par la suppuration d'une partie enflammée, et qui varie, par les qualités physiques, suivant l'espèce de tissu qui se produit : plusieurs maladies buccales sont suivies d'écoulement de pus, qu'il est même prudent de hâter autant que possible.

PYORRHÉE. Écoulement de pus.

Q

QUINQUINA (*dentifrice*). Sa saveur est désagréable ; sa couleur est disgrâcieuse à l'œil ; son principe *tanant* jaunit très vite l'émail. Ce dentifrice convient seulement pour raffermir les gencives et donner de la force aux nerfs dentaires ; mais il faut qu'il soit réduit en poudre impalpable, sans cela il rayerait les dents.

R

RACINE. On donne ce nom, dans l'organisme animal, aux parties qui servent à extraire les sucs nécessaires à la nutrition. C'est ainsi qu'on dit *racines des nerfs, des cheveux, racines des dents* (Voir le mot dent).

RACINE CHINOISE. Ce genre de ligature n'est autre chose qu'un cordonnet de soie écrue, bien tordu, empreint de résine de Copel, qui empêche qu'il soit trop promptement imbibé de salive, et qu'il ne se rétrécisse. On le préfère généralement au cordonnet de soie écrue.

RACLOIRE. Instrument en balcine dont quelques personnes se servent le matin pour enlever le limon qui se trouve sur la langue. On se sert aussi d'une baguette flexible en acier, en écaille.

RACLURES. Parties de certaines substances cornées ou osseuses qu'on obtient en les détachant avec un instrument tranchant. On dit raclure des dents.

RAGE DES DENTS (Voir *odontalgie aiguë*).

RAMIFICATION. On désigne ainsi la division des vaisseaux ou des nerfs qui sortent d'un tronc commun. On dit ramification des nerfs dentaires.

RAMOLLISSEMENT. Perte de la consistance naturelle des parties qui composent l'économie animale. Il est plusieurs cas d'odontalgies accompagnés de ramollissement des parties buccales.

RAPES. Grosses limes dont les dents sont fortes et très longues. Les dentistes s'en servent pour commencer à dégrossir les ouvrages en hippopotame.

RAPPROCHEMENT (*des dents*). Quand une dent enlevée laisse un vide difforme, surtout en avant, on extrait les racines s'il en reste, puis on attache les dents qui sont trop écartées avec un cordonnet de soie de moyenne grosseur et enduit de cire qu'on passe autour du collet, et avec lequel on fait deux tours; puis on l'arrête par trois nœuds. Après deux jours, on le remplace par un autre, et ainsi de suite, jusqu'à ce que le vide soit réparti entre les dents voisines, ce qui s'opère ordinairement dans l'espace d'un mois. On substitue alors à la soie un lien de fil blanc, non plus pour rapprocher mais pour maintenir les dents en position, jusqu'à ce que les alvéoles se soient consolidées. On ne peut tenter le *rapprochement* que depuis 10 ans jusqu'à 30 ou 36 : passé cet âge l'opération ne réussirait pas.

RATELIERS (*postiches*). (Voir *dents artificielles*).

RÉCROUIR. Faire perdre à un métal sa ductilité en le soumettant à de fortes percussions. Un métal récroui devient très cassant.

RECRUDESCENCE (du verbe latin *recrudescere*). On emploie ce mot pour désigner le retour à l'état aigu d'une irritation chronique. Dans la plupart des odontalgies il y a souvent recrudescence.

RÉDUCTION. Opération chirurgicale par laquelle on remet à leur place les parties qui en sont sorties. On la pratique dans les luxations buccales.

RECUIT. On donne le nom de recuit aux métaux qu'on a fait désécrouir. Pour cela, on les chauffe jusqu'au rouge, ce qui s'appelle *recuire*. Ce haut degré de chaleur leur donne une très grande ductilité.

REDRESSEMENT (*des dents*). On redresse les dents qui sont hors de rang. Cette opération ne réussit que rarement sur les personnes qui ont dépassé 30 ans. — Il ne faut chercher à remettre une dent à son rang que lorsqu'il y a place pour la recevoir, sinon on l'arrache comme inutile et disgrâcieuse. Toutefois, il est des cas où on ôte une dent qui est dans le rang, pour faire place à une autre qui n'y est pas ; ainsi on sacrifie la petite molaire pour garder la canine. — S'il n'y a pas de place, mais que les dents voisines offrent entre elles quelque intervalle, on les rapproche par la ligature afin de gagner de l'espace. — Le redressement s'opère à l'aide d'une plaque en or ou en ivoire disposée exprès pour l'emplacement et percée de trous pour laisser passer les ligatures. Si la dent fait saillie à l'intérieur, on applique la plaque à l'extérieur de l'arcade dentaire, et l'on entoure le collet de la dent déplacée d'un fort cordonnet de soie dont les deux bouts traversent les deux trous de la plaque et servent à attirer la dent. Quelquefois il est besoin de fixer la plaque aux dents voisines par d'autres ligatures. Quand la dent est à l'extérieur, on met la plaque à l'intérieur. — On a conseillé, pour redresser certaines dents placées obliquement, de les retourner avec le davier, d'agir sur elles à l'aide de la ligature des plaques ; mais la plupart des dentistes rejettent cette opération (*Manuel de Médecine opératoire*).

RÉGULATEUR-ROGERS. Il se compose de trois parties principales : un demi-cercle terminé en crémaillère s'emboîtant dans deux cuvettes, que l'on applique aux molaires qui leur servent de point d'appui. La crémaillère glisse sur les cuvettes par une petite roue que l'on fait tourner avec

une clef de montre et que l'on fixe par un crochet élastique.

Cet instrument doit être en or, ce métal ayant plus de résistance que tout autre : si l'on a à redresser une incisive
qui fasse saillie au-dehors de la bouche, on fixe les deux
cuvettes sur les grosses molaires; l'on entoure le demi-
cercle avec du caoutchouc, à l'endroit où la dent fait saillie, et l'on fait rentrer peu à peu la crémaillère d'un cran à
droite ou à gauche, suivant la direction que l'on veut donner à la dent.

Si c'est au contraire une dent de devant qui fait saillie
en dedans de la bouche, l'on fixe autour du collet de la dent
un cordonnet de soie qui est attaché au demi-cercle, à l'endroit correspondant, et l'on fait avancer le demi-cercle d'un
ou plusieurs crans progressivement, suivant que le cas
l'exige.

Cette méthode est la seule bonne pour établir la régularité des dents, sans leur nuire par le contact du métal.

Le régulateur-Rogers peut encore servir dans les cas de
mâchoires à *bec-de-lièvre*. Il n'y a pour cela qu'à laisser sur
le devant de l'élasticité au demi-cercle, et les extrémités
cherchant à s'éloigner feront ressortir les molaires et rentrer les dents de devant.

REMÈDES (*de bonnes femmes*). On a donné ce nom à
certaines formules populaires contre les maux de dents :
il n'y a pas d'inconvénient à les essayer, pourvu qu'ils
soient de nature à ne pas endommager les gencives et altérer l'émail.

REPLACEMENT (*des dents*), ou opération qui consiste à
replacer dans leurs alvéoles des dents qui viennent d'en
être arrachées. Cette opération est très chanceuse; elle ne

réussit que sur les sujets jeunes et bien portants : elle exige les plus grandes précautions ; il faut visiter la bouche avant de la pratiquer. On doit surtout avoir égard à l'âge du sujet et ne replacer les dents qu'après les avoir raccourcies à leur couronne. Si, avant l'opération, on découvre quelques esquisses, il faut s'empresser de les extraire, et si elles sont assez fortes pour dénuder l'intérieur ou l'extérieur de l'alvéole, on doit bien se garder d'y replacer une dent. L'opération causerait des douleurs atroces au malade, et serait sans résultat satisfaisant.

REPOUSSOIR. Petit instrument dont se servent les dentistes pour arracher les chicots. Il se compose d'une tige d'acier longue de deux pouces environ, avec un manche d'ivoire en forme de poire, et qui s'appuie dans la paume de la main. — M. Petit, de l'Académie royale de chirurgie, inventa un instrument particulier qu'il appela *repoussoir d'arètes,* dont on se servait pour pousser les corps étrangers engagés dans l'œsophage.

RÉSECTION. Opération chirurgicale qui consiste à retrancher, dans la contiguité et la continuité des os, la portion de leur substance qui se trouve dans un état pathologique quelconque. Il est des cas qui nécessitent l'ablation d'une portion des mâchoires (Voir ce mot).

RETRAIT. On désigne par ce mot le phénomène dans lequel une substance diminue de volume par l'application de la chaleur. Ce mot appartient principalement à l'ancienne odontotechnie ; il indique la dimension des dents incorruptibles pendant leur cuisson.

RÉTROITION (des dents). Vice de conformation opposé à la proéminence. Les dents antérieures, dit M. Marjolin, sont obliques en arrière : il en résulte de la difformité, de la gène dans la prononciation, l'ulcération des gencives

17

inférieures fatiguées par le contact des dents supérieures. Le *régulateur*-Rogers est employé avec le plus grand succès pour combattre la *rétroïtion*.

RUGINE. Instrument dont on se sert pour racler ou ratisser les os. Cet instrument consiste en une platine épaisse à bords un peu tranchants, et adoptée par le milieu d'une de ses faces, à une tige montée sur un manche ordinairement quadrilatère. La rugine sert à ratisser les os pour en enlever une couche plus ou moins épaisse. On l'emploie aussi lors de l'application du cautère actuel sur une surface cariée.

· **RUPTURE DES DENTS.** Elle a pour cause une fragilité excessive, la profondeur de la carie, la disposition des racines, l'impatience des clients. Souvent même les grosses dents adhèrent si fortement à leurs alvéoles qu'il est presque impossible de les extraire sans accident. Le dentiste doit bien examiner l'état de la mâchoire avant de commencer cette opération.

RIFLOIRS. Limes recourbées en sens différents, taillées par les deux bouts. On s'en sert pour limer dans les cavités où la lime ordinaire ne peut atteindre. Les dentistes ont un assez grand assortiment de ces limes.

RIVOIRS. Bout d'acier qu'on emploie ordinairement pour river les têtes des goupilles à l'aide d'un marteau.

ROUE A CALIBRER. Les dentistes, principalement ceux qui suivent l'ancien système, se servent de cette roue pour mesurer les épaisseurs des fils et des plaques.

RHUBARBE (formule pharmaceutique). Sydenham mit en vogue, en Angleterre, l'usage de la rhubarbe pour les en-

fants, et il en fit presque un remède universel dans toutes
leurs maladies ; on fait avec son extrait et celui de chicorée,
un sirop purgatif qu'on donne aux enfants immédiatement
après leur naissance. On dissout 7 gram. 82 centig. de ce
sirop de chicorée dans deux cuillerées d'eau, et on donne à
l'enfant de petites doses ; ce sirop aide à lui faire rendre
son *méconium*. On en réitère l'usage quatre à cinq jours
après sa naissance. Les enfants bien évacués par ce moyen
profitent mieux au téton de la nourrice. La rhubarbe se
donne à quelques grains aux enfants comme purgative,
mais ce remède leur est souvent désagréable et les échauffe
quelquefois.

A l'imitation de Sydenham, je donne après le sevrage, à
ceux dont l'estomac est faible, de l'eau de rhubarbe avec
le vin. J'en fais faire usage à quelques enfants pendant
longtemps, et quelquefois même habituellement pendant
quelques années.

Comme cet amer peut leur être désagréable, voici la manière dont je les accoutume à l'usage de cette eau pour
boisson :

On met dans dans une pinte d'eau 5 centig. de rhubarbe
en poudre. On donne cette eau à l'enfant avec du vin ;
après un jour ou deux, on jette cette eau et on augmente
la dose de rhubarbe, en la renouvelant ainsi tous les deux
jours en ayant soin de porter la dose de rhubarbe jusqu'à
60 centig., d'une manière progressive. Les enfants s'habi-
tuent peu à peu à cette eau, de la même manière qu'ils
s'accoutument à la bière houblonnée. L'usage de cette
boisson, en fortifiant l'organe digestif et le canal intestinal,
les délivre de la présence des vers, empêche leur génération, prévient les autres maladies et rend moins cruelles les
douleurs qui précèdent l'éruption des dents (Alphonse Le-
roi, *Allaitement maternel*).

S

SABLE DE FONTAINEBLEAU. Ce grès est très fin, très égal, les dentistes qui suivent l'ancien système s'en servent pour user les dents incorruptibles sur le tour. On se sert encore de ce grès, imbibé d'eau, pour user et tailler les dents incorruptibles avec une lime détrempée.

SABURRAL. Les humoristes appellent ainsi certains états de la langue : divers produits des vomissements. Les matières saburrales s'agglomèrent sur la langue, adhèrent aux gencives, et engendrent la carie.

SAILLIE (*osseuse*). En langage anatomique, on désigne ainsi les éminences, les inégalités que présentent les os. Les saillies dentaires ne sont malheureusement que trop fréquentes ; on y remédie par la réduction.

SALIVAIRE. Qui a rapport à la salive. On donne le nom de glandes salivaires aux organes sécréteurs. On distingue plusieurs sortes de glandes : — 1° *sublinguales* ; — 2° *molaires* ; —3° *buccales* ; —4° *palatines* ; —5° *linguales* ; —6° *labiales* ; —7° des *amygdales*.

SAISONS (*leur influence sur les dents*). L'*hiver* est très funeste aux organes dentaires ; le *printemps* leur est plus favorable ; l'*été*, fécond en maladie de toute espèce, est la saison des odontalgies : il faut surtout alors s'abstenir de tout excès. L'*automne* a tous les inconvénients de l'été et de l'hiver. On doit se prémunir contre les odontalgies en se couvrant de vêtements chauds, en tenant les dents extrêmement propres.

SALIVAIRES (*tumeurs*). Lorsque l'orifice de la glande

paroside ou celui de la glande maxillaire est retréci, oblitéré, ou qu'il se trouve bouché par une concrétion, alors la salive retenue dilate ce canal, et lui fait prendre un volume plus ou moins considérable : on lui donne le nom de tumeur salivaire.

SALIVAIRE (*fistule*). Quand le conduit de *Sténon* est déchiré, après avoir été distendu outre mesure, il en résulte une ulcère qui constitue une *fistule salivaire*.

SALIVANTS. Médicaments qui font saliver, parmi lesquels le mercure tient le premier rang.

SALIVATION. Sécrétion de salive en quantité plus considérable qu'il n'est nécessaire pour la parole et la mastication. Cette sécrétion est très abondante chez les enfants qui font les premières dents : elle en facilite même l'éruption.

SALIVE. Fluide buccal, inodore, limpide, sans saveur, visqueux, dont la pesanteur spécifique est un peu plus grande que celle de l'eau.

SALIVATION (*ou ptyalisme*). Elle tient le premier rang parmi les affections locales de la première dentition ; mais elle est en général très favorable, et ne peut nuire que par sa durée et son intensité. Il convient donc de l'entretenir, et cela, en tenant l'enfant chaudement, en humectant sa bouche : on la provoque en faisant, sur les parties latérales des mâchoires, des onctions avec de l'huile chaude, en humectant la bouche avec des substances mucilagineuses. Dans les cas d'inertie dans les organes salivaire, on emploie les purgatifs, vésicatoires.

SCALPEL (du verbe *scalpo, j'incise*). Petit instrument d'acier à lame aplatie, pointue, tranchante sur les bords, et destiné spécialement aux dissections : les dentistes ne s'en servent que très rarement.

SCARIFICATION. Opération qu'on fait aux gencives dans les cas de scorbut : on applique la lancette longitudinalement aux parties des gencives situées entre les dents. Si on les perçait dans celles qui couvrent les racines, elles se retireraient pendant la guérison, et laisseraient le collet à découvert ; mais si on les ouvre longitudinalement, elles se reserreront en guérissant, et procureront aux dents un appui plus ferme.

SCIE ANGLAISE. C'est une lame d'acier très large, fixée à une de ses extrémités par une espèce de poignée. Plusieurs dentistes se servent de cette scie, de préférence à toute autre, pour scier les dents d'hippopotame.

SCORBUT (*des gencives*). C'est ainsi que l'on nomme une affection particulière aux gencives, et qui a quelque ressemblance avec la maladie dont elle porte le nom ; elle s'annonce par une rougeur extraordinaire des gencives, qui deviennent molles et saignantes : la maladie continue par une ulcération extérieure aux extrémités des gencives, gagne les alvéoles dont l'absorption détruit la substance. Tous les symptômes sont vraiment dignes d'attention ; on peut les faire disparaître en piquant avec une lancette ; l'écoulement du sang est suivi d'un prompt soulagement. On doit surtout se servir de la lancette quand les gencives sont spongieuses et molles ; employer des lotions astringentes, de l'eau de mer qu'on fait chauffer. Quand les gencives ont des tendances à l'ulcération, les malades doivent se laver très souvent la bouche avec de l'eau d'orge, et plus tard une lotion de teinture de myrrhe. Enfin, on aura recours au nitrate d'argent, qui donne une nouvelle action aux gencives. L'affection scorbutique, une fois détruite, il faut nécessairement continuer les soins de propreté.

SCROFULES (*leur influence sur les gencives*). Chez les personnes scrofuleuses, les gencives sont molles et s'ulcèrent facilement. Cet état morbide provient évidemment de l'affection principale : les dentistes emploient pour la combattre des décoctions de quinquina, font des frictions sur les parties malades avec une petite quantité de quinine mêlée avec un peu de magnésie.

SÉCRÉTION (*salivaire*). Il existe dans chaque côté de la bouche trois glandes qui sécrètent un fluide albumineux nommé *salive*, et qui est versé dans la bouche pour favoriser la gustation, la mastication et la digestion (voir les mots *salive* et *salivation*).

SÉDATIFS (du verbe *sedare*, *calmer*). Médicaments qui servent à ralentir les mouvements trop rapides des corps, et surtout à faire cesser une douleur : l'art dentaire a très souvent recours aux *sédatifs*.

SECTION. Ce mot, en langage chirurgical, signifie l'action de diviser des parties dans toute leur étendue ; ainsi l'on dit *section* d'un os, pour faire entendre que l'os a été coupé ou scié complètement.

SEL MARIN (*dentifrice*). Cette substance est très acide : le seul avantage que les bons praticiens lui reconnaissent, est de déterminer une grande sécrétion de salive : il n'a aucune influence sur la propreté des dents.

SENS (*leur influence sur les organes dentaires*). On compte cinq sens : La *vue*, l'*ouie*, l'*odorat*, le *goût*, le *tact* ou le *toucher*.

La *vue*, lorsqu'elle est trop exaltée, surexcite le nerf optique et les nerfs dentaires. Les personnes nerveuses doivent éviter la trop grande lumière, si elles veulent se soustraire aux odontalgies.

Il en est de même de l'*ouie*, qui fait éprouver parfois des commotions douloureuses à toutes les parties de la tête.

L'*odorat* a sur l'organisation dentaire un degré d'action qui varie à l'infini. Des dames, qui avaient contracté des odontalgies par l'usage immodéré des parfums, ont cruellement souffert des maux de dents.

Le *goût* est parfois très funeste aux dents. On doit éviter de manger trop chaud ou trop froid, de mâcher des substances âcres et aromatiques.

Le *tact* ou le *toucher* agit fortement sur l'organisation dentaire : qu'une personne délicate touche des corps rudes, elle éprouve une crispation nerveuse qui se communique aux dents.

SEVRAGE. Il est imprudent de sevrer les enfants avant qu'ils aient tous les organes nécessaires pour broyer les aliments. L'enfant qui souffre d'une dent prête à percer refuse toute espèce d'aliment autre que le lait, qui est une nourriture saine, et calme l'irritation des gencives. Les mères doivent donc attendre, pour sevrer leurs enfants, la sortie de toutes les dents de lait.

SINUS. Concavité ou excavation dont l'extérieur est plus évasé que l'entrée. En anatomie, on donne le nom de *sinus* à des cavités particulières, telles que : — Le *sinus de la dure-mère,*—les *sinus frontaux,* — les *sinus maxillaires,*—*sinus des fosses nasales.*

MALADIES DU SINUS MAXILLAIRE. Ces maladies sont : — Les plaies,—l'hydropisie,—l'inflammation,- l'abcès, — les fistules, — l'exostose, — les polypes — et les corps étrangers.

SIROP (*syrupus*). Médicament officinal, interne, liquide, d'une consistance assez visqueuse pour couler lentement, inventé pour conserver, par le moyen du sucre et du miel, des principes fixes et volatils qu'ils peuvent tenir en dissolution. Depuis quelques années, on a découvert mille et mille sirops, *odontalgies antiscorbutiques*, dont il ne faut user qu'avec beaucoup de prudence.

SOINS (*de la bouche*). Les dents sont sujettes à tant d'affections, à des accidents si nombreux, qui tendent à en altérer la solidité et la beauté, que chez tous les peuples il s'est trouvé des hommes qui ont indiqué des moyens de les conserver saines et belles. En général, les dents de lait n'ont besoin d'aucun soin, à moins qu'elles ne soient affectées de carie. A l'âge de 7 ans seulement, on fait prendre aux enfants l'habitude de frotter leurs dents, et d'en entretenir la propreté à l'aide d'une brosse très douce imbibée d'eau. De 15 à 20 ans, on commence à se servir de poudres ou de dentifrices liquides. Pendant le reste de la vie, le meilleur préservatif pour mettre les dents à l'abri d'affections cruelles, est de les nettoyer chaque jour. Pour conserver une belle denture, l'hygiène dentaire se résume en ces mots : La *propreté, encore de la propreté, et toujours de la propreté.*

SOINS DES PIÈCES ARTIFICIELLES. On ne saurait prendre trop de soin des pièces artificielles, pour les maintenir dans un état de propreté parfaite : il est prudent d'avoir les pièces en double pour les substituer à la première en cas d'accident. Il convient, en outre, de laisser reposer pendant quelques jours les dentiers et substances animales, et de les nettoyer très souvent. Les dents artificielles osseuses, maintenues d'après l'ancien système par des crochets ou des ressorts, exigent des soins particuliers et une plus grande propreté, parce que, étant appuyées sur des parties molles, elles engendrent un limon qui répand une odeur nauséabonde. On doit renouveler leurs attaches, surtout lorsque les ligatures sont végétales ou animales, et ne pas attendre pour cela que les dents vacillent : on sent trop la nécessité des soins journaliers pour qu'il soit besoin d'en parler.

SONDE (*à cautériser de M. Rogers*)**.** Cette forme de sonde paraît meilleure que toute autre employée jusqu'à ce jour. La boule, près des pointes, retient le calorique, et la boule intermédiaire, interceptant la chaleur, empêche de se brûler les doigts.

SONDE (*specillum*). Instrument de chirurgie dont on se sert pour explorer les plaies, les abcès, les fistules.

SOPHISTICATION. Mélange de mauvaises drogues qu'on veut faire passer pour bonnes : on applique ce mot aux médicaments composés, mal préparés, ou altérés par des substitutions.

SPINA-VENTOLA. Cette maladie a beaucoup de rapports avec l'*exostose*, et attaque aussi la racine des dents : la racine devient plus grosse qu'à l'ordinaire ; elle est creuse, son ouverture très large, ses parois s'amincissent considérablement.

STRUCTURE (*des dents*). Les dents ont trois parties bien distinctes, et généralement connues par les anatomistes.

1° L'émail qui en revêt le corps ;

2° Une partie osseuse ou *éburnée* qu'on appelle *os;*

3° La *pulpe*, substance gélatineuse qui en remplit la cavité.

STIMULANT. On donne ce nom à tous les agents qui

ont la propriété d'animer la vitalité des tissus organiques, d'accélérer leur mouvements : l'art dentaire se sert de sti-mulants, mais avec beaucoup de circonspection.

STYPTIQUE (du grec *stafò,* je *resserre*). Nom que l'on donne aux médicaments qui ont la propriété d'opérer la constriction des tissus, le resserrement des parties ; les styptiques font partie des astringents : on s'en sert dans plusieurs affections buccales.

SUBLINGUAL. Qui est situé sous la langue. On connaît l'*artère sublinguale,* — la *glande sublinguale* qui sont du domaine de la *science buccale.*

SUBMENTAL. Situé sous le menton ; nom d'une artère et d'une veine.

SUCCION. Action de sucer ou d'attirer un fluide dans la bouche en y faisant le vide, à l'aide de l'aspiration : les enfants prennent le lait leur première et unique nourri-ture par succion.

SUCCION (*râteliers à*). Nouveau mode de prothèse dé-couvert et perfectionné par M. Rogers (voir *osanores*).

SURDENT (des mots *suprà* et *dens*). Nom que l'on donne à une dent surnuméraire qui pousse lors des autres dents, et plus ou moins éloignée de l'arcade alvéolaire. Les sur-dents sont le résultat, ou des dents de la première dentition qui persistent après la venue de celles de la seconde, ou bien d'un germe surnuméraire, suite de la conformation primitive. Le plus souvent les surdents n'existent qu'aux canines et incisives : on remédie à la gêne et à la diffor-mité qu'elles occasionent en les faisant extraire.

SURNUMÉRAIRES (*dents*). Ces dents, ainsi que l'indique leur nom, viennent en plus du nombre ordinaire ; elles sont plus ou moins longues, et diffèrent des autres par leur forme. On n'en voit communément qu'à la mâchoire supérieure, et leur siége est dans les deux grandes incisives, la canine, la première ou la seconde petite molaire ; on en rencontre encore derrière les moyennes incisives, les canines ou les premières petites molaires. La plupart de ces dents n'ont pas plus de volume que les deux tiers des moyennes incisives. Les dents surnuméraires, situées derrière les grandes incisives, viennent ordinairement par deux ; elles ont presque la même grosseur que celles qui ont poussé antérieurement. La racine a une courbure particulière, et leur couronne a la forme du *carré aplati*.

SUIE (*dentifrice*). C'est sans contredit le plus sale, le plus dégoûtant des dentifrices ; une erreur populaire, basée sur la blancheur apparente des dents des ramoneurs, en a fait adopter l'usage, qu'on abandonne depuis quelques années. D'ailleurs, la suie est une substance corrosive qui altère les gencives, et finit par attaquer l'émail.

SYMPTOMES (*qui accompagnent et précèdent l'éruption des dents de lait*). Il est rare que la sortie des dents de lait, et surtout des canines, ne s'annonce pas par le gonflement des gencives, la chaleur de la bouche et la rougeur des joues ; quelquefois elle s'effectue sans difficulté ; souvent elle est très laborieuse, et fait craindre pour les jours de l'enfant.

SYMPHYSE (du grec *sunphuó, naître ensemble*). On désigne par ce mot l'union ou liaison naturelle des os qui composent le squelette humain.

SYMPTOMATIQUES. Phénomènes qui indiquent essentiellement une lésion des parties, — symptômes trompeurs qui indiquent insidieusement les lésions d'une partie, puisqu'ils proviennent de la maladie d'un autre : c'est ainsi que la carie d'une dent paraît souvent causer de la douleur à une dent très saine.

T

TABAC (*dentifrice.*) Le principe de cette plante est tonnant ; sa saveur est insupportable pour les personnes qui n'y sont pas habituées. Cette substance corrosive irrite les gencives, jaunit l'émail, et les bons praticiens en ont proscrit l'usage.

TABLEAU (*de la deuxième dentition*).

Les 4 grosses molaires et les deux incisives
    centrales inférieures poussent. . . . . de 6 à 8 ans.
Les 4 incisives centrales supérieures. . . . . de 7 à 9 ans.
Les 4 latérales . . . . de 8 à 10 ans.
Les 4 premières petites molaires . . . . de 9 à 11 ans.
Les 4 canines. . . . . de 10 à 12 ans.
Les 4 deuxièmes petites molaires. . . . . de 11 à 13 ans.
Les 4 deuxièmes grosses molaires. . . . . de 12 à 14 ans.

TAMIS EN SOIE. Les dentistes s'en servent pour tamiser les poudres : on préfère ordinairement à la soie la toile métallique très fine, parce que, remplissant le même but, elle a, en outre, l'avantage de durer plus longtemps.

TAMPONS DE COTON. Quelques praticiens en recommandent l'usage pour nettoyer les dents : mais ils enlèvent tout au plus les matières adhérentes à la superficie des dents, ne pénètrent pas dans les interstices, où s'amoncèlent et séjournent les substances étrangères.

TARTRE. L'opinion générale est que le tartre dentaire est le produit du résidu des aliments ; mais cette opinion n'est qu'une hypothèse populaire. Vu à la loupe, le tartre paraît composé de petits grains réunis les uns aux autres, brillants dans quelques points. La matière de ces incrustations est terreuse ; l'analyse chimique prouve qu'elle est un véritable phosphate de chaux, mêlé d'une portion de substance muqueuse et glaireuse. Le plus sûr moyen de détruire le tartre est de brosser les dents chaque jour : dans certains cas, il faut recourir à l'art du dentiste.

TARAUDS. Tiges d'acier taillées en vis : les dentistes s'en servent pour faire des écrous.

TARTRE (*dentaire.*) Sa couleur varie autant que sa consistance qui présente tantôt une sorte de pulpe granuleuse, tantôt une concrétion calcaire très dure. Le tartre est jaune, gris, verdâtre, rouge, ou tout-à-fait noir : ces variétés de couleurs dépendent de la partie qu'il occupe sur les dents ou sur les gencives. Il ne présente pas d'organisation régulière, et on peut le comparer à la matière du *cal*, qui sert à souder les os fracturés. Les concrétions se montrent d'abord près du collet des dents, sous la forme d'une croûte plus ou moins sèche et dure, qui peu à peu s'étend sous les gencives qu'elle soulève légèrement. Elles peuvent, dans certains cas, atteindre un volume tel qu'elles blessent les gencives, les joues ou la langue. Analysé avec le plus grand soin par plusieurs chimistes français, anglais et allemands, le tartre n'a jamais fourni les mêmes résultats d'analyse.

Cépendant aujourd'hui il est bien prouvé que ces concrétions dentaires ressemblent aux os par la nature de leur base, mais qu'elles en diffèrent par l'espèce de matière animale qui en lie les parties et qui est analogue au mucus.

TARTRE (*analyse chimique du*). M. Vauquelin, dans un rapport fait en 1825 à la section de pharmacie de l'Académie royale de médecine, donna l'analyse suivante du tartre :

1° Cette matière réduite en poudre fine, sept centièmes de son poids de matière animale par la distillation.

2° Dissoute dans l'acide muriatique, elle a laissé treize centièmes de son poids de matière animale d'un blanc jaunâtre.

3° Cette matière animale, soumise à l'action de l'eau bouillante pendant au moins deux heures, n'a pas été dissoute, et la décoction, réduite sous un très petit volume, n'a pas donné la plus légère trace de gélatine. Ce résultat prouve que la matière animale n'est pas de même nature que celle qui existe dans les os.

4° Le phosphate de chaux, précipité par l'ammoniaque de la dissolution muriatique, était jaunâtre après la distillation ; ce qui annonce la présence d'une certaine quantité de matière organique. En effet, le phosphate a noirci, quand on l'a fait chauffer dans un creuset fermé. Dans cet état, son poids représentait les soixante-dix centièmes du tartre employé.

5° Dans la liqueur dont le phosphate de chaux avait été séparé, nous avons mis de l'oxalate d'ammoniaque ; le précipité produit par cette opération formait les douze centièmes du poids du tartre employé, et représentait environ neuf centièmes de carbonate de chaux.

6° Les produits obtenus par les opérations ci-dessus ne

représentant pas exactement la quantité de matière soumise à l'analyse, nous avons fait évaporer le liquide. Donc le phosphate et le carbonate de chaux avaient été précipités, pour savoir s'il contenait encore quelques parties de matière animale. En effet, le muriate d'ammoniaque, desséché et chauffé doucement dans un creuset de platine, est devenu noir, et après s'être dissipé, il a laissé une matière brune, pesant 3 centigrammes, qui ressemblait à de l'oxyde de fer et qui était, en effet, composée de fer et de phosphate de magnésie.

7° Un fragment de tartre, exposé à une forte chaleur pendant une heure, est devenu parfaitement blanc jusqu'au centre, et a perdu 42,6 pour cent. Or, en retranchant de cette partie 7 d'humidité, nous aurons 15,6 pour la matière animale, en supposant que, dans cette opération, le carbonate de chaux n'a pas été décomposé.

8° Une des dents que le tartre recouvrait ayant été parfaitement nettoyée, et chauffée ensuite jusqu'à ce qu'elle fût devenue blanche dans toutes ses parties, a perdu 33,2 pour cent. Ainsi, en supposant que cette dent contînt la même quantité d'eau que le tartre, elle renfermait beaucoup plus de matière animale, puisque ce dernier n'en contient que 15,6 et la dent 26,2. C'est sans doute là une des causes pour lesquelles les dents sont plus dures, ont plus d'élasticité, de consistance que le tartre qui les recouvre.

9° Quoique la petite quantité de tartre des dents, sur laquelle il nous a été permis d'opérer, nous laissât peu d'espoir d'y reconnaître la présence du phosphate de magnésie, cependant nous avons traité 1,77 grammes de cette matière par l'acide sulfurique et obtenu 15 milligrammes de phosphate ammoniaco-magnésien.

Il résulte de cette analyse que le tartre est composé : 1° d'une matière animale différente de celle qui est dans les os; 2° d'une matière organique; 3° de phosphate et de carbonate de chaux; 4° d'une matière brune ressemblant à de l'oxyde de fer.

TEMPÉRAMENTS ou **CONSTITUTIONS**. (*Leur influence sur les organes dentaires.*) La médecine reconnaît quatre sortes de tempéraments : 1° *nerveux*, 2° *musculaire*. 3° *vasculaire et lymphatique*, 4° *sanguin*.

Le tempérament *nerveux* est propice à l'harmonie dentaire, pourvu qu'on s'abstienne de liqueurs alcooliques et d'excitants : ce précepte s'adresse surtout aux gens de lettres.

Les hommes à tempérament *musculaire* ne perdent leurs dents que très tard; mais ils doivent éviter tout ce qui est de nature à exciter l'organisme.

Les individus lymphatiques ont rarement une belle denture. L'hygiène leur proscrit les toniques, les boissons amères, les bains froids, un grand exercice. Le tabac à fumer fortifie et purifie leurs gencives.

Le tempérament *sanguin* est propice à l'harmonie buccale. Les personnes sanguines doivent se vêtir légèrement, éviter les grandes réunions, travailler modérément : elles éviteront ainsi les odontalgies.

Le tempérament *bilieux* est très funeste aux dents.

TEMPES. Parties de la tête qui s'étendent depuis le front et les yeux jusqu'aux oreilles.

TEMPORAL. Qui a rapport aux tempes : on dit l'*os temporal*, l'*artère temporale*, le *muscle temporal*.

TEMPORO-AURICULAIRE. Muscle qui appartient à l'os temporal et à l'oreille.

18*

TEMPORO-MAXILLAIRE. Qui appartient à l'os temporal et à l'os maxillaire.

THÉRAPEUTIQUE DENTAIRE. Elle a plusieurs ramifications. Elle comprend, généralement parlant, toutes les opérations qui sont du ressort de l'art du dentiste et ne font point partie de la chirurgie ordinaire. Ces opérations ont des buts différents. — Les unes consistent à faciliter la sortie des dents à l'époque de la première dentition, à donner aux dents permanentes une direction régulière. — Les autres consistent à mettre les dents à l'abri des substances étrangères qui leur sont nuisibles, à prévenir les altérations et à en arrêter le cours, lorsqu'elles ont envahi les organes dentaires.

TIC (*douloureux.*) Il n'est pas rare de prendre pour une odontalgie le tic douloureux qui contracte les muscles faciaux et force ceux qui en sont atteints à grimacer continuellement. Cette affection n'a point son siége dans l'appareil dentaire, quoiqu'on y ressente souvent de la douleur. Elle peut exister sans que les dents en souffrent, et même sans qu'il se trouve aucune dent. L'extraction rend le tic douloureux plus aigre et plus rebelle : pour en prévenir les paroxismes, il faut pourtant arracher celles qui sont affectées par le froid et le chaud. Le tic ne dépend nullement de l'état morbide des alvéoles, et il faut en chercher la cause et le remède ailleurs que dans l'appareil dentaire. Tous les praticiens savent que les nombreuses affections de la face ne sont pas symptomatiques ; il faut donc s'attacher à en reconnaître la cause pour les combattre par les traitements convenables.

TITRE. On entend par titre le degré fin de l'or ou de l'argent non fabriqué.

TIRTOIR. Instrument façonné sur le principe de la clef-Garangeol, avec cette différence que le manche fait suite à la tige, et que le panneton et le crochet se présentent directement à l'extrémité de la tige. Pour s'en servir, on saisit le manche à pleine main, le pouce et l'indicateur les plus rapprochés possible de l'extrémité agissante et fixant à la fois la tige du panneton et celle du crochet. On commence par un léger mouvement de renversement de la dent en dehors; quand on sent qu'elle cède, on rehausse légèrement le panneton sur la gencive; puis on recommence le mouvement de renversement, de manière à faire sortir progressivement, par les mouvements alternatifs, la dent de l'alvéole, sans fracturer ni l'une ni l'autre. On ne peut faire usage du tirtoir que pour les dents antérieures.

TONIQUE. On appelle ainsi les productions naturelles qui ont la propriété de déterminer un reserrement fibrillaire des tissus organiques, de donner à ces derniers plus de densité, de les rendre plus forts et plus robustes. L'art dentaire fait grand usage de toniques, surtout pour la composition des dentifrices.

TOUSSILLES. Nom des amygdales : les glandes occupent l'intervalle des deux piliers du voile du palais; elles paraissent contiguës avec les follicules mucipares de la langue.

TOPIQUE. Médicament appliqué sur une partie du corps; il faut restreindre ce mot aux médicaments locaux extérieurs.

TOUR DE DENTISTE. Il se compose de deux poupées en cuivre, de 185 millimètres de haut, percées toutes deux dans leurs têtes. La poupée de gauche est taraudée de manière à recevoir une vis et une contrevis, et entre les deux

est un arbre auquel est adaptée une petite roue. Cet arbre
est maintenu d'une part par les vis, et de l'autre par la poupée de droite, qu'il dépasse d'environ 27 millimètres. Comme
il est percé d'un tiers de sa longueur, il reçoit des mandrins
auxquels sont fixées les meules, qui sont maintenues en
place par une petite roue. On adapte ces poupées sur une
table convenable. Au-dessus de cette table est une roue que
l'on fait tourner à l'aide d'une pédale ; une corde à boyau
l'entoure, passe par deux trous au travers de la table et
entoure de même la petite roue qui est entre les deux
poupées. On se sert du tour pour user les dents dites incorruptibles avec des meules d'acier et pour travailler l'hippopotame.

TOURNEVIS. Outil d'acier bien trempé et usé en biseau ;
il sert à entrer dans la tête des vis.

TOUX. Lorsque l'éruption des dents est tardive et difficile, il survient une toux violente, une affection des poumons, qui mettent les enfants en danger. La toux est nerveuse ; l'irritation et la douleur des gencives en sont la
première cause : on remarque aussi une autre espèce de
toux dite *gastrite*, et qui est caractérisée par le gonflement
de l'épigastre. Dans la toux *nerveuse,* on peut servir des
vapeurs humides dirigées dans la bouche, de narcotiques
administrés en friction. Quelques médecins sont parvenus
à calmer la toux, à suspendre le manque de respiration,
en frictionnant les parties latérales du thorax et du cou
avec 2 grammes 25 centigrammes de laudanum liquide. La
toux *gastrite* a été guérie longtemps par l'émétique ; mais
comme ce remède était trop violent pour de si petits malades, on emploie depuis quelques années de légers purgatifs, tels que la manne en larmes, etc.

TRANSPLANTATION DENTAIRE. Elle consiste à extraire une dent à un individu jeune et bien portant, pour la replacer de suite dans l'alvéole encore saignante du client qui en a perdu une semblable. Cette opération, mise en vogue à Paris il y a 200 ans par un célèbre chirurgien, réussit quelque temps en Angleterre et en Allemagne ; mais elle est tombée en discrédit complet.

TRIBOULET. Porte-foret surmonté d'un poids ; les dentistes s'en servent pour percer perpendiculairement les métaux et les substances minérales.

TRIFACIAL. Nom que le professeur Chaussier donne aux nerfs trijumeaux, parce qu'ils se divisent, avant de sortir du crâne, en trois grosses branches qui vont se distribuer à la face.

TRIJUMEAUX. Nerfs qui forment la cinquième paire cérébrale ou le nerf trifacial qui est ainsi nommé à cause des trois branches qui se distribuent à la face.

TROCART. Poinçon d'acier terminé en pointe triangulaire et renfermé dans une canne d'argent, dont on se sert pour faire les ponctions.

TUBERCULE. Bosse, tumeur, saillie inégale, espèce de production ou de dégénérescence organique, susceptible de se développer dans presque tous les organes.

TUBERCULEUSE (*matière.*) Production organique renfermée dans le kyste des tubercules ; cette matière se ramollit à l'aide d'un travail particulier et d'une période de temps suffisante.

TUBERCULEUX. Qui contient des tubercules.

TUBÉROSITÉ. Eminence raboteuse d'un os où s'attachent des muscles.

TUMÉFACTION (*tumefactio.*) Gonflement d'une région du corps. On dit tuméfaction des gencives.

TUMEUR (*tumor.*) On appelle ainsi toute éminence contre nature qui se manifeste dans une partie quelconque du corps. On dit tumeur aux joues, aux lèvres.

TUMEURS FOUGUEUSES. (Voyez PARALIES.)

TUNGSTIQUE (*acide.*) Les dentistes qui suivent l'ancien système se servent de cet acide pour la confection des pâtes minérales avec lesquelles ils fabriquent les dents dites incorruptibles. Le moyen le plus simple pour obtenir cet acide est de précipiter du tungstate d'ammoniac par l'acide hydrochlorique avec excès. Le précipité est blanc ; mais il devient jaune, si on le fait bouillir avec l'excès de l'acide hydrochlorique ; on le lave, et on fait sécher.

TUNGSTATE DE FER (*Wolfram.*) Ce minéral est de couleur grise : sa cassure est lamelleuse ; réduit en poudre, il est d'un brun rougeâtre et teint le papier. Sa pesanteur spécifique est de 7,006 à 7,333. Il est composé de

Acide tungstique.	78,775.
Protoxyde de fer.	18,320.
Protoxyde de magnésie.	6,220.
Silice.	1,230.

Les dentistes s'en servent pour préparer l'acide tungstique.

U

ULCÉRATION. Ulcère peu étendu et peu profond.

ULCÈRE (*en grec elko*). Affection chronique, produite ou entretenue par une cause interne. Le traitement des ulcères est purement médical, tandis que celui des plaies est chirurgical.

USAGE DES DENTS. Les dents considérées dans l'état de santé ont une force et une dureté bien supérieures à celles des autres parties du corps. Elles contribuent, chacune en particulier, à la mastication : elles sont nécessaires pour que la digestion se fasse bien ; elles servent à articuler les sons et sont le plus bel ornement de la figure. L'homme est de tous les animaux celui chez lequel l'appareil dentaire est disposé avec le plus de régularité et d'élégance.

ULCÈRES. Ordinairement les ulcérations s'établissent à quelque partie de la surface et s'y forment une issue dans l'endroit le plus favorable à l'écoulement ; l'inflammation cesse, mais l'ulcère se ferme rarement, et il reste comme une petite ouverture fistuleuse par laquelle la suppuration continue. L'extraction des dents malades, qu'on regarde à tort comme dangereuse, est le remède le plus puissant. On peut aussi, dès la formation du dépôt, faire une légère piqûre à la gencive.

USURE (*des dents*). C'est une lésion organique par laquelle la substance dentaire est plus ou moins détruite. Elle est l'effet de la mastication, et la cause réside principalement dans le rapport réciproque des deux arcades dentaires par l'action naturelle des deux mâchoires l'une contre l'autre. L'usure est partielle ou totale, verticale ou horizontale. Elle est produite par l'influence chimique de certains aliments, l'emploi des dentifrices, l'usage des pipes en terre, l'habitude de ne mâcher que d'un côté, le grincement des dents.

V

VACILLANTES (*dents*). La mobilité des dents est un symptôme commun à plusieurs maladies des racines, des gencives et des os maxillaires. Pour consolider les dents vacillantes, on s'est longtemps servi de ligatures d'or, de platine ou de soie qui les ébranlent au lieu de les raffermir. Depuis quelques années on a recours de préférence aux saignées locales, aux fumigations, aux cataplasmes, pour diminuer l'intensité du mal.

VAISSEAUX LYMPHATIQUES (*des lèvres*). Ils aboutissent aux ganglions que l'on trouve sous le menton.

VAISSEAUX. Conduits destinés à renfermer les fluides circulant dans le corps d'un animal. Telles sont les veines, les artères.

VEINES (*du voile du palais*). Elles se réunissent à celles de la langue et du pharynx, et s'ouvrent dans la jugulaire.

VEINES (*des lèvres*). Elles suivent le même trajet que les artères, et se jettent dans les deux jugulaires.

VERMILLON (*cinabre artificiel*). Il est de couleur rouge, composé de mercure et de soufre. Les dentistes l'emploient pour ajuster les pièces en hippopotame. Le vermillon résiste à presque tous les agents.

VÊTEMENTS (*leur influence sur les organes dentaires*). Je ne parlerai que des pièces d'habillement propres à la tête parce que cette partie du corps est le siège des organes dentaires. Dans l'intérieur des maisons on peut rester sans danger tête nue : lorsqu'on sort on doit se couvrir. Le poids, la trop grande largeur, la forme, le tissu de la coiffure, sont souvent très nuisibles. On doit la choisir plutôt légère que pesante : éviter de serrer trop fortement la tête pendant la nuit; ne porter les cheveux ni trop longs, ni trop courts.

VIRUS SYPHILITIQUE *(son influence sur les gencives)*. Mis en contact avec la muqueuse qui recouvre le tissu alvéolaire. le virus y détermine souvent des ulcérations d'un caractère tout particulier. Le traitement de ces ulcérations est absolument le même que celui des maladies syphilitiques.

VOILER. Se dit de toutes les subtances qui gauchissent ou prennent une fausse direction, mais plus particulièrement des métaux.

VOILE DU PALAIS. C'est une espèce de cloison mobile, molle, large, épaisse, quadrilatère, fixée en haut à la voûte palatine et latéralement aux parois du pharynx de chaque côté par deux replis de la membrane buccale que l'on nomme *piliers du palais,* et qui sont séparés l'un de l'autre par les amygdales. Le voile du palais est composé d'une couche muqueuse et d'une couche musculaire. Les deux couches formées de follicules et de muscles ont pour fonction principale de faire mouvoir le voile du palais.

VOUTE PALATINE. Elle sépare la bouche des cavités nasales ; elle est formée par l'os maxillaire supérieur, et la portion horizontale du palatin; la pituitaire en haut, la membrane muqueuse du palais en bas, la recouvrent (Voir *palais*).

X

XÉROTRIBIE (des mots grecs *xéros sec*, et *tribó*, je frotte). Frictions sèches employées comme moyen palliatif plutôt que curatif. Ces frictions sont d'un assez grand secours dans les odontalgies nerveuses.

Z

ZOONOMIE. Science de l'organisme animal ; connaissance de la forme, de la composition, de la nature, de l'arrangement des diverses parties du corps, etc.

ZYGOMATIQUES (muscles). Au nombre de deux et situés dans la région maxillaire supérieure. On les nomme le *grand* et le *petit zygomatique*. L'action de ces muscles a pour but d'exprimer la joie, les impressions agréables.

ZYGOMATIQUE-LABIAL. Muscle qui a rapport à l'arcade zygomatique et aux lèvres.

ZYGOMATIQUE-MAXILLAIRE. Muscle masseter situé entre l'arcade zygomatique et la face externe de presque toute la longueur de la mâchoire inférieure.

FIN.

DICTIONNAIRE

DE

BIBLIOGRAPHIE DENTAIRE.

DICTIONNAIRE

DE

BIBLIOGRAPHIE DENTAIRE

AVEC L'INDICATION

Et l'appréciation des meilleurs ouvrages qui doivent se
trouver dans la bibliothèque d'un dentiste.

PRÉFACE.

La plus grande des nombreuses difficultés que j'ai éprouvées, pour conduire à bonne fin les ouvrages déjà livrés au public, a été de me procurer les documents nécessaires. La Bibliographie Dentaire, quoique enrichie de jour en jour par les écrits des plus habiles praticiens, est néanmoins peu connue, et plusieurs de mes confrères ignorent probablement, qu'il existe certains traités qui peuvent être pour eux, chaque jour, d'une utilité pratique.

C'est pour leur révéler l'existence de ces

ouvrages, que je mets à la suite de mon *Dictionnaire des Sciences Dentaires*, une revue bibliographique de tout ce qui a paru sur la science buccale, sur l'odontotechnie.

J'ai bien trouvé dans des Dictionnaires de Médecine et de Chirurgie quelques indications qui m'ont mis sur la voie de nouvelles découvertes, mais ces indications étaient si incomplètes, que je n'en ai pas retiré un très grand secours pour mon travail. Aussi pour épargner à ceux de mes confrères, et aux gens du monde qui jugeront mon Dictionnaire digne de leur attention, la peine de chercher les sources où chacun peut puiser des documents indispensables, ai-je étudié la Bibliographie Européenne : j'ai été assez heureux pour former une longue nomenclature de dentistes auteurs ; si j'ai omis quelque célébrité , si quelque ouvrage n'a pas été mentionné par moi, je recevrai avec reconnaissance les communications qui me seront faites à cet égard. Je prie même les personnes qui connaissent quelques traités oubliés par moi, ou dont je n'ai pas eu connaissance, de vouloir bien m'honorer de leurs communications : je m'empresserai de combler ces lacunes.

L'utilité immense d'un Dictionnaire Bibliographique Dentaire est incontestable, surtout si
on veut bien considérer que l'odontotechnie est
une science multiple, qui exige les connaissances les plus variées.

Je suppose qu'un Dentiste qui travaille depuis
longtemps à perfectionner une certaine partie
de son art, a besoin instantanément de con-
naitre les modifications qu'a subie l'odontotechnie, depuis les temps les plus reculés jusqu'à nos jours : où trouvera-t-il les documents
nécessaires ? Les bibliothèques de la plupart des
Dentistes sont ordinairement peu nombreuses,
et ces recherches deviennent, par conséquent,
très longues, très difficiles.

Mais avec les indications qu'ils trouveront dans
ma Revue, par lettre alphabétique, des ouvrages
des auteurs les plus célèbres, même de ceux
dont la réputation est moins brillante, ils pourront aisément réunir les matériaux nécessaires.

Les affections, les maladies de la bouche sont
innombrables : chacune présente son caractère
particulier ; et cela est si vrai qu'il n'existe pas,

je crois, de phénomène morbide ayant rapport à la bouche qui n'ait été étudié par quelque Dentiste auteur. Le résumé de tant d'opinions différentes, l'exposé des recherches, le résultat des expériences, sont autant de trésors qu'il importait de faire connaître. En outre, ce sera une étude curieuse et très intéressante pour les Dentistes, que de voir comment nos prédécesseurs ont envisagé et pratiqué un art, qui fait depuis quelques années de si grands progrès.

Quelle distance entre Urbain Hémard et le célèbre Duval !

Quelle supériorité immense entre les Osanores et les Dentiers artificiels, d'après le vieux système.

Ces améliorations qui étonnent aujourd'hui sont l'œuvre de plusieurs générations. L'art dentaire, inconnu pendant la longue période du moyen-âge, ou confié à des hommes ignorants, de même que la médecine, la chirurgie et tout ce qui se rattache aux moyens de soulager les infirmités humaines, ne fut remis en honneur que vers la fin du seizième siècle; les premières tentatives ne furent pas couronnées par de grands succès ; mais doit-on pour cela négliger de connaître ces essais sans lesquels l'odontotechnie ne serait pas aujourd'hui une des plus puissantes succursales de la chirurgie. L'ouvrage d'Ingolstelter *sur la dent d'or d'un enfant silésien*, quoique rempli de faits inexacts, de croyances populaires, ne renferme-t-il pas de précieux documents?

Honorons nos prédécesseurs, respectons même leurs erreurs, parce que de ces ténèbres épaisses a surgi la lumière qui nous éclaire aujourd'hui.

En collationnant les matériaux de ce Dictionnaire bibliographique, j'ai eu un double but :

D'abord de faire connaître à mes confrères les noms de tous les Dentistes auteurs.

En second lieu, de leur faciliter les moyens de former une bibliothèque spéciale.

C'est pour atteindre ce double but, que je me suis condamné à de pénibles recherches, à une étude aride, et que je me suis imposé des sacrifices pécuniaires, pour acheter des ouvrages devenus très rares.

J'ai mis à contribution toutes les régions européennes : la France, l'Angleterre, l'Allemagne, l'Italie, ont fourni une abondante moisson ; la France surtout est riche en dentistes auteurs et en praticiens renommés dans toute l'Europe.

Les Dentistes allemands ont aussi beaucoup écrit ; mais leurs ouvrages systématiques au dernier degré, faits sans ordre, sans classification, laissent beaucoup à désirer sous le rapport de la précision et de la clarté.

Les autres pays viennent en seconde et en troisième lignes ; les Dentistes auteurs sont peu nombreux, parce que l'odontotechnie n'a pu encore y prendre l'extension qu'on remarque dans les grands royaumes.

Je ne me suis pas borné à mentionner les ouvrages et les opuscules sur l'art dentaire ; j'ai encore signalé les recueils annuels, mensuels, ou hebdomadaires, qui consacrent quelques-unes de leurs pages à la science buccale.

En un mot, j'ai parcouru en glanant le champ si vaste, si fertile de l'odontotechnie ; j'ai ramassé tous les épis un à un, et maintenant que j'en ai formé une immense gerbe scientifique, je laisse à mes confrères le soin de choisir le bon grain.

WILLIAM ROGERS.

DICTIONNAIRE BIOGRAPHIQUE.

A

ALBERTI.

Dissertatio de Dentibus serotinis sapientiæ vulgò dictis.

Cette dissertation, sur les Dents de sagesse, renferme quelques particularités dignes de remarque.

ALBRECHT.

Sicheres mittel gegen das Zahnweh, imprimé à Hambourg en 1809.

ALLVEY.

Dissertatio de Dentitione morbisque ex eâ pendentibus. (Édimbourg, 1788).

Ce Traité des deux Dentitions et des Maladies qu'elles occasionent, laissait peu à désirer à l'époque où il parut ; mais, depuis, la science dentaire a fait de si grands progrès que l'ouvrage du dentiste écossais est de très peu d'utilité.

ANDRÉE.

Dissertatio de odontagris ad dentes evellendos necessariis, eorum vi machinicâ et applicatione. (Leipsick, 1784.)

2° Dissertatio de primâ puerorum Dentitione. (Leipsick, 1803.)

Ces deux ouvrages prouvent que le dentiste allemand avait étudié avec fruit les meilleurs procédés pour extraire les dents ; mais ces procédés ont été depuis remplacés par d'autres infiniment supérieurs.

ANGERMANN.

Théorie pratique de l'Art du Dentiste. (Leipsick, 1803, in-8°.)

Cet ouvrage, écrit en allemand, a été traduit en français par M. Laforgue.

APICY.

De Dentitione præsertim infantium difficili.
(Ellangio, 1751.)

Cet ouvrage n'est bon qu'à prouver combien l'art
dentaire a subi d'heureuses innovations depuis le siècle
dernier.

. ARENICY.

Dissertatio de Catharro et ejus descendentibus,
odontalgiâ, epiphorâ et otalgiâ. (Rostak, 1663.)

ARNEMANN.

Système de Chirurgie dentaire. (2 volumes;
Gœthingue, 1802.)

ARONSON.

De la Théorie et de la Pratique de l'Art du Dentiste. (Berlin, 1805 ; in-8°.)

Cet ouvrage, écrit en allemand, a été traduit en
français par M. Laforgue.

AUBRY.

Maladies des Gencives. *Dissertation inaugurale.* (Paris, 1816 ; in-4°.)

20*

AUDIBRAN-CHAMBLY.

Essai sur l'Art du Dentiste. (Paris, 1808; in-8°.)

Réfutation sur les Dents métalliques. (Paris, 1808.)

Traité historique et pratique sur les Dents artificielles incorruptibles. (Paris, 1821.)

Quelques Réflexions sur le Procès intenté au lord Agerdton, comte de Zidgewater, par M. Dubois De Chemant. (Paris, 1820.)

Un mot sur la Réfutation du sieur Dubois De Chemant, dentiste.

AURIVILIUS.

Dissertatio de Dentitione difficili. (Upsal, 1757.)

AUSSANT.

Sur les Soins à donner aux Dents de première dentition. (*Dissertation inaugurale.*) (Paris, 1828; in-4°.)

AUVITY.

Première Dentition et Sevrage. (*Dissertation inaugurale.*) (Paris, 1812.)

AUZIBY.

Principes d'Odontologie. Description des principales Maladies qui affectent la bouche, et des moyens de les guérir. (Lyon, 1771 ; in–12.)

B

BEAUHINIUS.

Dissertatio de Odontalgiâ, (1660.)

BEAUMES.

Traité de la première Dentition et des Maladies souvent très grandes qui en dépendent. (Paris, 1806 ; 1 vol. in–8°.)

BEAUPREAU.

Dissertation sur la propreté et la conservation des Dents. (Paris, 1764.)

Lettre à **M.** Cochois sur les Maladies du sinus maxillaire. (Paris, 1769.)

Voir aussi le *Journal de Médecine*, tome 21, page 477).

BECKER.

Sur les Dents ; leurs maladies et les moyens de les prévenir. (Leipsick, 1807, 1810.)

BENNET.

A Dissertation on the Teeth. (Dissertation sur les Dents.) (Londres, 1779 ; in–8°.)

BERDMORE.

A treatise on the disorders and Deformities of the Teeths and gums illustrated with cases and experiments. (Londres, 1770.)

Ce Traité sur les difformités et désordres des Dents et des Gencives renferme une curieuse nomenclature d'expériences.

BEURLIN.

Dissertatio de Dentitione difficili. (Attd, 1720).

BICW (Charles).

Opinions on the Causes and Effects of Diseases in the teeth and gums. (1819).

BLAKE.

Dissertatio de Dentium formatione et structurâ in homine et variis animalibus. (Édimbourg, 1798.)

BLUMENTAL.

Nahere Prüfung der Ætiologie der Zahnarbeit der Kinder gegem Wichman. (Stendal, 1799; in–8°.)

Sur les Connaissances naturelles des Dents. (Steindal, 1800.)

BODEINSTEIN (Adam).

Zahn-Arzeney, c'est-à-dire Médecine des Dents. (in–8°; Francfort, 1576.)

Cet ouvrage est un des premiers qu'on ait écrit sur l'Art dentaire depuis la renaissance des lettres.

BOETTIGER (Charles-Auguste).

Sabina, ou Scènes du Matin dans le cabinet de toilette d'une riche Romaine. (Leipsick, 1806.)

Dans cet ouvrage, l'auteur traite d'une manière fort curieuse des soins que les coquettes de Rome donnaient à leurs *Dents*.

BOTTET.

Manière de conduire les Enfants depuis leur naissance jusqu'à l'âge de sept ans, et d'éviter les Convulsions, le Croup et la Coqueluche. (Paris, 1820 ; in-8°.)

BOTOT.

Le Chirurgien-Dentiste. (Paris, 1786.)

Avis au peuple sur les Soins nécessaires pour la Propreté de la Bouche. (Paris, 1789.)

Moyens pour conserver les Dents. (Paris, 1802.)

BOURDET.

Lettre à M. D. (Paris, 1754) et Éclaircissement au sujet de cette Lettre. (Paris, 1754.)

Recherches et Observations sur toutes les parties de l'Art du Dentiste. (Paris, 1756; 2 vol. in–12.)

Soins faciles pour la Propreté de la Bouche et la Conservation des Dents. (Paris, 1759.)

Manière simple de maintenir les Dents saines et la Bouche fraîche. (Leipsick, 1762.)

Dissertation sur la Propreté et la Conservation des Dents. (Paris, 1764; in-8°.)

Dissertation sur les Dépôts du Sinus maxillaire. (Paris. 1764.)

BRACHMAEM.

De Ulceribus Dentium fistulosis. (Lipsiæ, 1733.)

BRENDEL.

Dissertatio de Odontalgiâ. (1697.)

BRING.

Observatio in hodiernam de Dentibus præcipuè hominum doctrinam. (Londres, 1793.)

BROUSSONNET (Pierre-Marie-Auguste).

Considération sur les Dents en général, et sur

les organes qui en tiennent lieu. — Premier Mémoire lu, en 1779, à l'Académie royale des Sciences de Paris, contenant la comparaison entre les Dents de l'homme et celles des quadupèdes.

(Voir le volume des *Mémoires de l'Académie des Sciences pour* 1787, page 550).

BROWER.

Dissertatio de Odontalgiâ. (Leyde, 1692.)

BRUNNER (J.-B.)

Einleibung zu den Wissenschaften eines Zahnartz. (Wien und Leipzig, 1766; in-8°.)

BRUNNER (Ad.-Ant.)

Abhandlung von der Hervorbrechung der Milchzæhne. (Wien, 1771.)

BUCKNER.

Dissertatio de Curâ Dentium. (Hales, 1725.)

BUCKING.

Traité complet sur l'Art d'arracher les Dents. (1805.)

BUNOU.

Dissertation sur un Préjugé concernant les Maux de Dents des femmes grosses. (Paris, 1741; in-4°.)

Essai sur les Maladies des Dents où on propose de leur donner une bonne conformation dès la plus tendre enfance, et d'en assurer la conservation pendant tout le cours de la vie. (Paris, 1743.)

Expériences et Démonstrations faites à l'Hôpital de la Salpétrière et à Saint-Louis, en présence de l'Académie de Chirurgie, pour servir de suite et de preuves à l'Essai sur les Maladies des Dents. (1746.)

BURLIN.

Dissertatio de Dentitione difficili. (Altdorf, 1720.)

C

CAIGNÉ (François).

Sur la Dentition des Enfants du premier âge. (*Dissertation inaugurale.*) (Paris, 1802.)

CAMPANI.

Odontalgia, Ossia trattado sopra i denti.

De Denti e loro Cura, e la Maniera di estrarli.
(Florence, 1789.)

CAPURON

Essai sur la Luxation de la Mâchoire inférieure.
(*Dissertation inaugurale.*) (Paris, an IX.)

CASTRILLO.

Colloquium de Dentitione. (Valladolid, 1557,
et Madrid, 1770.)

CATALAN.

Mémoire, Rapport et Observations sur l'Appareil propre à corriger la Difformité qui consiste
dans le Chevauchement de la Mâchoire inférieure,
difformité vulgairement nommée *menton de galo-
che.* (Paris, 1826.)

CHEMANT.

(*Voir* Dubois De Chemant.)

COLONDRE.

Essai sur les plus fréquentes Maladies des Dents, et les Moyens propres à les prévenir et à les guérir. (Genève, 1781.)

CONRING.

Dissertatio de Naturâ et Dolore Dentium. (Helmstadt, 1672.)

CORNELIO (Vittorio.)

Statistica odontalgica del Piemonte et in especie di Torino, per l'anno 1817. (Torino, 1818.)

COURTOIS (Honoré-Gaillard.)

Le Dentiste observateur, ou Recueil d'Observations, tant sur les Maladies qui attaquent les Gencives et les Dents, que sur les Moyens de les guérir. (In-12 ; Paris, 1775.)

Sur l'État des Maladies des Dents. (Gotha, 1778.)

CRAUSE.

De Dentium Sensu. (Iéna, 1704.)

CRAUSIUS.

Dissertatio de Odontalgiâ. (Iéna, 1681.)

CROU (Louis.)

Der beym Aderlassen und Zahnausziechen ge-
schichte Barbirgesell. (Leipsick, 1717 ; in-8°.)

CUMME.

Dissertatio de Dentium historiâ physiologicè,
pathologicè, et therapeuticè pertractatâ. (Lehust,
1716.)

CURTIS.

A treatise on the structure and formation of the
Teeth. (Londres, 1769.)

CUVIER (François.)

Des Dents des mammifères considérées comme
caractères zoologiques. (Paris, 1822, 1825 ; 4 v.
in-8° avec 100 planches.)

D

D***.

L'Art du Dentiste joint à l'Anatomie de la Bouche. (In–12.)

DEFRITSCH.

Dissertatio de Dentibus. (Vienne, 1772.)

DEICHMANN (Antoine.)

De Dentibus vulgò sapientiæ dictis.

DELABARRE.

Dissertation sur l'Histoire des Dents. (In–4°, 1806.)

Odontalgie, ou Observations sur les Dents humaines, suivies de quelques idées nouvelles sur le mécanisme des Dentiers artificiels. (Paris, 1815.)

Discours d'ouverture d'un Cours de Médecine dentaire. (1817.)

Traité de la Partie mécanique de l'Art du Chi–

rurgien-Dentiste. (Paris, 1820 ; 2 vol. in-8° avec planches.)

Traité de la seconde Dentition, et Méthode nouvelle de la diriger, suivie d'un Aperçu de Séméiotique buccale. (Paris, 1819 ; in-8° avec figures.)

Discours d'ouverture d'un Cours de Stomatonomie. (Paris, 1825 ; in-8°.)

Méthode naturelle de diriger la seconde Dentition. (Paris, 1826.)

DELMOND.

Mémoire sur un nouveau Procédé pour détruire le Cordon dentaire des six dents antérieures, et éviter leur extraction. (Paris, 1824.)

Épitre à M. Marmont, à l'occasion de son Poëme sur l'Odontotechnie. (1825.)

DESCHAMP (Le jeune.)

Traité des Maladies des Fosses nasales et de leur Sinus. (Paris, 1804 ; in-8°.)

DÉSIRABODE.

Je ne puis me taire, ou Mémoire de M. Désirabode. (1823.)

Traité de l'Art du Dentiste. (Paris, 1845.)
Ce dernier ouvrage a été très favorablement accueilli.

DESPRÉ.

Dissertatio de Dentitione difficili. (1720.)

DEVANT.

Essai sur la Nature et la Formation des Dents.
(*Dissertation inaugurale.*) (Paris, 1825.)

DOWNING (Richard.)

A popular Essay on the Structure, Formation,
et menagement of the Teeth. (Londres, 1813.)

DROMING.

Sur les Maladies des Dents. (Strasbourg, 1761,
in-8°.)

DUBOIS.

Esquisse sur l'Hygiène dentaire, ou Analyse des

Moyens propres à la Conservation des Dents et des Gencives. (Paris, 1823.)

DUBOIS DE CHEMANT.

Dissertation sur les Avantages des nouvelles Dents et Râteliers artificiels, incorruptibles et sans odeur. (Paris, 1789.)

Lettre sur les Dents artificielles. (Paris, 1790.)

Dissertation sur les Avantages des Dents incorruptibles de pâte minérale. (Paris, 1824.)

Mémoire pour M. Dubois de Chemant contre le lord Égerdton, comte de Bridgwater.

Réfutation des Assertions fausses et calomnieuses contenues dans un libelle dirigé par M. Audibran, dentiste, contre M. Dubois de Chemant, sous le prétexte d'un procès intervenu entre le lord Egerdton et M. de Chemant. (1826.)

DUBOIS-FOUCOU.

Exposé de Nouveaux Procédés pour la Confection des Dents dites de composition. (Paris, 1808.)

Lettre adressée à MM. les Dentistes. (Paris, 1808.)

DUCHEMIN.

Sur la Carie des Dents de lait. (*Journal de Trévoux*, février, 1759.)

DUPONT.

Remède contre le Mal de Dents. (Paris, 1635.)

DUVAL.

Des accidents de l'Extraction des Dents. (1802.)

Réflexions sur l'Odontalgie considérée dans les rapports avec d'autres maladies. (1803.)

Expériences et Observations pratiques sur les Dents plombées qui sont susceptibles de l'influence galvanique. (1807.)

Recherches historiques sur l'Art du Dentiste. (1808.)

Conseils des poètes anciens sur la Conservation des Dents.

(Ce Mémoire fut imprimé dans le *Magasin Encyclo-pédique* en 1803.

Mémoire sur la position relative à l'ouverture externe du canal maxillaire pour servir à la dé-

monstration de l'accroisement de la mâchoire inférieure.

Propositions sur les Fistules dentaires, précé-
dées des Observations sur la Consomption de l'extrémité de la Racine des Dents. (1840.)

Observations sur l'État des Os de la Mâchoire,
dans les Ulcères fistuleux des Gencives et dans les
Fistules dentaires. (*Bulletin de la Faculté de
Paris*, 1814, n° 4.)

Observations sur quelques affections douloureuses de la face, considérées dans leur rapport avec
l'organe dentaire. (1814.)

Notice historique sur la Vie et les ouvrages de
M. Jourdain, dentiste. (1816.)

Le Dentiste de la Jeunesse, ou Moyens d'avoir
les Dents belles et bonnes. (Paris, 1817.)

De l'Arrangement des secondes Dents, ou Méthode naturelle de diriger la deuxième Dentition,
soumise au jugement de la raison et de l'expérience.
(1820.)

Extrait d'un Mémoire sur l'Atrophie des Dents.
(In-8°.)

Notice des travaux entrepris sur les Dents, en France, depuis 1790. (1825.)

E

EHINGER.

Dissertatio de Odontalgiâ. — Altdorf, (1718.)

ELOY.

Dissertatio de Remediis anti – odontaldigis. (Vienne, 1772.)

ERASTRY.

Dissertatio de Dentibus in Disputatione et Epistolà. (Tigur, 1595.)

Cet ouvrage est un des plus anciens Traités d'Anatomie buccale.

ENSTACHICY.

De Dentibus. — Opúscula anatomica. (1574.)

F

FAUCHARD.

Le Chirurgien–Dentiste. (Paris, 1786; 2 vol. in–12, fig.)

FAY.

A Description of the mode of using the forceps invented for the extraction and excision of Teeth. (Londres, 1827; brochure in–8º.)

FICHER.

Sur les diverses formes des Os de la Mâchoire dans plusieurs espèces d'animaux. (Leipsick, 1800.)

FINOT.

Maladies de la Première Dentition. (*Dissertation inaugurale.*) (Paris, 1813.)

FLEURIMON.

Moyens de conserver les Dents saines et belles. (Paris, 1682; in–12.)

FONZI.

Rapport sur les Dents artificielles, terro—métalliques. (Paris, 1808.)

Réponse à la Brochure de M. Dubois—Foucou. (Paris, 1808.)

FOUCHON.

Propositiones de Dentium vitiis. (Paris, 1775.)

FOUCOU (DUBOIS).

(*Voyez* Dubois.)

FOX (JOSEPH).

An account on the diseases wich affect children During firts Dentition.

Natural History of the human Teeth. (Londres, 1803.)

The History and Treatment of the diseases of the Teeth gums. (Londres, 1806.)

FRANCK.

Dissertatio de Odontalgiâ. (Iéna, 1692.)

G

GALETTA.

Réflexions sur la Cure des Dents. (Mayence, 1810.

Sur l'Art dentaire. (Mayence, 1803.)

Le Chirurgien–Dentiste. (1813.)

GARIOT.

Traité des Maladies de la Bouche. (Paris, 1805, avec fig.)

Cette édition est très rare.

Système de la Physiologie, Pathologie et Thérapeutique de la Bouche, avec plusieurs avis de Angermann. (Leipsick, 1806.)

GENLIS.

Observationes de Dentitione tertiâ. (Leipsick, 1786.)

GEOFFROY-SAINT-HILAIRE.

Système dentaire des Mammifères et des Oi-
seaux. (Paris, 1824.)

GERANDLY.

L'Art de conserver les Dents. (Paris, 1737.)

GERBAUX.

A practical treatise of the most frequent diseases
of the mouth and Teeth specially on the Accidents
of the first Dentition. (Londres, 1823.)

GESHENCK.

Sur personon beiderlet Geschlechts die Zaichne
gesmedmed tchon zu herrhatten. (Francfort, 1796.)

GILLES (Arnaud).

La Fleur des Remèdes contre le Mal de Dents.
(Paris, 1622.)

GIRAUD (Jean).

Die gutte Mutter, oder Abhandlung von den

Mitteln, seinen kindernainen Sturken, danersalten Korper , resonder sein Glückliches Zahnen zu verschaffen. (Braunschw, 1790 ; in-8°.)

GLAUBRECHTE.

Dissertatio de Odontalgiâ. (Argentorati, 1766.)

GOBLIN (Denys).

Manuel du Dentiste à l'usage des examens. (Paris, 1827.)

GOECKEL.

Epitome Theoriæ practicæ de Odontalgiâ, Oder berichte von dem Zahnweh. (Nördlingue, 1688.)

GOQUELIN·

Mémoire sur le Scorbut. (Saint-Brieux, 1804.)

GRACBNER.

Gendanken, über das hervor kommen und Weschseln der Zahne.

GRASSO.

De Dentitione difficili. (Erfordia.)

GROUSSET.

De la Dentition ou du Développement des Dents chez l'homme. (*Dissertation inaugurale.*) (Paris, 1804.)

GRUN.

Dissertatio de Odontalgiâ. (Iéna, 1795.)

GUERTIN.

Avisos tendenty a Conserçao dos Dentes e de sua substituiçao. (Paris, 1819.)

H

HEBEINSTREIST (Jean-Étienne).

De Dentitione secundâ juniorum. (Leipsick, 1738.)

HEBERT.

Le Citoyen Dentiste. (Lyon, 1778.)

HEISTER.

Dissertatio de Dentium dolore. (Altdorf, 1711.)

Epistola de Pilis, Ossibus et Dentibus, in variis corporis humani partibus repertis. (1743.)

HÉMARD (Urbain).

Recherches sur la Vraie Anatomie des Dents. (Lyon, 1582.)

C'est un des plus anciens Ouvrages écrits en français sur l'Art dentaire.

HERNANDEZ.

Mémoire sur les Questions suivantes faites par la Société de Médecine de Lyon, en frimaire, an XIV :

« Quels sont les Signes diagnostiques et prog-
» nostiques que peuvent fournir, dans les Maladies
« aiguës et chroniques, l'état de la Langue, des
« Lèvres et des Dents?

« Quelles Conséquences doit–on en déduire
« dans la Pratique? » (Toulon, 1808.)

HERTZ (Jean-Pierre).

A familiar Dissertation on the Causes and Treatment of the Diseases of the Teeth. (Londres,
1815.)

HESLOPP.

Dissertatio de Dentitione infantium difficili et laboriosâ. (Leyde, 1602.)

HEURNIUS

Tractus de Morbis oculorum, aurium et dentium. (Helmstudii, 1672.)

HEYE.

Dissertatio de dolore Dentium.

HILSCHER.

Dissertatio de Odontalgiâ. (Iéna, 1748.)

Remarques sur les Dents, fondées sur la Pratique. (Iéna, 1776 et 1801.)

HIRSC (Frédéric).

Praktische Remerkungen etc, c'est-à-dire Observations pratiques sur les Dents et sur quelques-unes de leurs Maladies, avec une Préface du professeur Loder. (Iéna, 1796.)

HOFFMANN.

Dissertatio de Dentibus, eorum morbis et curâ. (Halâ, 1698 et 1714.)

Dissertatio de Remediis odontalgis. (Halâ, 1700.)

HORSTIUS.

De aureo Dente. (Leipsick, 1595,)

Cet Ouvrage, écrit en latin, est très curieux ; il repose sur une croyance populaire qui veut que certains enfants naissent avec une dent d'or.

HUNTER.

Natural History of the Teeth and their diseases. (Londres, 1771.) Traduit en latin en 1773, en allemand en 1780.

On trouve un extrait de ce livre dans l'*Encyclopédie*, par ordre de matières. Cet ouvrage, ainsi que ceux qui sont sortis de la plume de l'ingénieux Hunter, est rempli de choses neuves et utiles ; il mérite d'être consulté des savants.

HURLOK (Jean).

A practical treatise upon Dentition. (Londres, 1742 ; in-8º.)

I

INSOLSTETTER.

De aureo Dente pueri silesiali. (Leipsick, 1595.

Sujet traité aussi par Horstius.

J

JACKSON.

Dissertatio de Physiologiâ et Pathologiâ dentium eruptionis. (Édimbourg, 1778.)

JANKE.

Dissertatio de Dentibus evellendis. (Leipsick, 1751.)

De Ossibus mandibulæ puerorum septennium. 'Leipsick, 1751.)

JERON (Jean).

'ractische Oarstellung aller Operationem der Zaharzt neykunst. (Berlin, 1804.)

JETUZE.

De difficili infantium Dentitione. (Erfordiæ, 1732.)

JOSSE.

Analyse de l'Émail des Dents. (Paris, an x ; *Journal de Médecine.*)

JOURDAN.

Traité des Dépots dans les Sinus maxillaires, des Fractures et des Caries ; suivi de Réflexions sur toutes les parties de l'Art du Dentiste. (In–12 ; Paris, 1760.)

Ce Traité est excellent ; il est surtout utile à consulter sur les Dépôts dans les Sinus maxillaires.

Traité des Maladies et des Opérations chirurgicales de la Bouche. (2 vol. in-8° ; Paris, 1778.)

Ce Traité est rempli de bonnes Observations rédigées par un auteur qui se montre, en tout, excellent dentiste.

JOURDAN ET MAGGIOLO.

Manuel de l'Art du Dentiste, ou l'État actuel

des Découvertes modernes sur la Dentition, les Moyens de conserver les Dents, etc. (Nancy, 1807.)

C'est un bon petit ouvrage dans lequel Maggiolo s'est montré comme artiste distingué.

JOURDAIN.

Essai sur la Formation des Dents, comparée avec celle des Os. (Paris, 1766.)

Nouveaux Éléments d'Odontalgie. (Paris, 1756.)

JUNCKER.

Sur les Maladies des Dents et des Maux de Tête, et l'Art de les guérir. (1802.)

JUNKER.

Dissertatio de Dentium affectibus. (1740.)

Dissertatio de Dentitione difficili. (1745.)

Dissertatio de quatuor præcipuis infantum morbis. (1746.)

Dissertatio de Odontalgiâ. (Halæ, 1758.)

K

KEMME.

Dissertatio sistens Dentium historiam, physiologicè, pathologicè et therapeuticè pertractatam. (Holmstadii, 1740.)

KOECKLER (Léonard).

Principles of Dental Surgery, exhibiting a new Method of Treating the diseases of the teeth and gums. (Londres, 1826.)

KOENEN.

Dissertatio de præcipuis Dentium morbis. (Francfort, 1693.)

KRAUSE.

De Odontalgiâ. (Iéna, 1780.)

KRAUTERMANN.

Picherer Anger und Zahnarzte. (1732.)

KREBEL (Jean-Louis-Cottis).

Dissertatio inauguralis de Dentitione difficili.
(Leipsick, 1800.)

KUCHLER.

Dissertatio de Ulceribus Dentium fistulosis.
(Leipsick, 1733.)

KULESAKAMP.

Dissertatio de difficili infantum Dentitione.
(Harderow, 1788.)

L

LAFORGUE.

Théorie et Pratique de l'Art du Dentiste, avec
20 planches représentant des Instruments, Dents,
Dentiers et Obturateurs. (Deuxième édition, revue,
corrigée et augmentée, 2 vol. Paris, 1810.)

Cet Ouvrage n'est pas dénué de recherches utiles ; on
peut le consulter avec avantage, malgré les opinions
outrées qu'il renferme, malgré la prolixité du style,
d'ailleurs peu recommandable. Le chapitre consacré à la
Séméiotique a le grand défaut de n'être ni méthodique,
ni appuyé sur des connaissances médicales.

Dissertation sur la première Dentition, où l'on prouve que la croissance et la sortie des Dents ne causent aucune maladie aux enfants. (Paris, 1809.)

Ce que cette Dissertation a de bon n'est pas neuf : le reste est paradoxal.

Le Triomphe de la première Dentition, Almanach nouveau et curieux pour l'an bissextile 1816.

De la Séméiologie buccale et buccamancie. (Paris, 1841.)

LAUBACEYER.

Dissertatio de Dentibus. (1745.)

LAVIGNA (François).

Esperienze e Reflessioni sopra la Carie de Denti umani; c'est-à-dire Expériences et Réflexions sur la Carie des Dents de l'homme. (Gènes, 1812.)

Cet ouvrage est plein de Recherches sur les causes de la Carie des Dents; il est surtout rempli d'une érudition choisie.

LAVANI (Joseph).

Trattato sopra la Qualita di Denti, colmodo di

cavarli, mantenerli et fortificarli ; c'est-à-dire Traité sur la Qualité des Dents, avec la manière de les extraire, de les entretenir et de les fortifier. (Florence, 1740.)

LÉCLUSE.

Traité utile au public, où l'on enseigne la Méthode de remédier aux Douleurs et aux Accidents qui précèdent et accompagnent la Sortie des premières Dents des enfants, de procurer un arrangement aux secondes, afin de les entretenir et de les conserver pendant le cours de la vie. (Nancy, 1750-1753 ; Paris, 1754.)

Nouveaux Éléments d'Odontalgie. (Paris, 1782.)

Éclaircissements pour parvenir à préserver les Dents de la Carie. (Paris, 1755.)

LEGROS.

Le Conservateur des Dents. (Paris, 1812.)

LEMAIRE (Joseph).

Le Dentiste des Dames. (Paris, 1812.)

Cet opuscule est écrit avec élégance ; son objet est d'engager les dames à soigner leur bouche.

Deux Observations d'Anatomie pathologique sur les Dents. (Paris, 1816.)

Histoire naturelle des Maladies des Dents de l'espèce humaine, traduit de l'ouvrage anglais de Fox. (Paris, 1821 ; grand in-4° orné de planches.)

Traité sur les Dents ; Physiologie, Pathologie. (Paris, 1822 et 1824 ; 3 vol. in-8°.)

LEMAITRE.

Rapport fait à la Société des Inventions et Découvertes, sur les Dentiers perfectionnés, (Paris, 1843.)

LEMONNIER.

Dissertation sur les Maladies des Dents. (Paris, 1783.)

Lettre à M. Mouton. (Paris, 1784.)

LENTIN (Leber-Benjam).

Bekerungen von des Wirkung der electrischen Erschütterung im Zahnweh. (1756.)

LEROY (De La Fauguère).

Manière de préserver et de guérir les Maladies des Gencives et des Dents. (Paris, 1766.)

Cet ouvrage décèle une bonne pratique et mérite d'être consulté.

LÉVEILLÉ (Jean-Baptiste-François).

Mémoire sur les Rapports qui existent entre les premières et les secondes Dents, et sur la disposition favorable de ces dernières au développement des deux mâchoires.

Ce Mémoire a été inséré à la page 394 du 3e volume de ceux de la Société médicale d'Émulation. (Paris, 1811.)

Ce même volume contient à la page 426 un Mémoire de M. Miel, intitulé :

Quelques Idées sur le rapport des deux Dentitions, et sur l'Accroissement des Mâchoires dans l'homme.

LÉVECQUE.

Notice sur la Nécessité de diriger la Dentition des enfants, les Soins que réclament les Dents à

tous les âges, et les Moyens à employer pour pre-
venir, arrêter, ou ralentir les Progrès des Maladies
qui affectent ces organes. (Strasbourg. 1823.)

LEWIS.

An Essay on the Formation of the teeth with a
Supplement confaining the means of preserving
them. (Londres, 1772.)

LICHTEINSTEIN (Jean-Marie).

Ueber die Sorgfalt fur Zahnfleisch und Zahne.
(Bremen, 1812; in-8°.)

LIDDELICY.

Tractatus de Dente aureo parti silesiaci. (Hambourg, 1626.) (Appendix ad Artem medicam.)

Sujet déjà traité par Horstius et Ingolstetter.

LIMA.

Plusieurs Observations sur un Nouveau Moyen
de guérir certaines Douleurs de Dents. (Lyon,
1788.)

LOESELIUS.

Dissertatio de dolore Dentium. (1639.)

LOESCHER.

Dissertatio de Dentibus sapientiæ, eorumque morbis. (Vittube, 1728.)

LONGRETTOM.

A treatise of Dentistry. (Baltimore, in-12.)

LUDOLF (Henri).

Disputatio de morbis Gingivarum. (Oxfort, 1822.)

LUDWIG.

Programma de cortice Dentium. (Leipsick, 1753.)

Dissertatio de Dentitione difficili. (1800.)

M

MAGGIOLO.

Le Manuel de l'Art du Dentiste. (Nancy, 1807 ; in-12, fig.).

MAHON.

Le Dentiste Observateur. (Paris, an VI, in-12 (1).

MARMOUL.

L'odontotechnie, ou l'Art du Dentiste, poème didactique et descriptif, en quatre chants, dédié aux dames. (Paris, 1825.)

MARTEL.

Sur l'Odontalgie et les affections qui la simulent. (*Dissertation inaugurale*.) (Paris, 1807.)

---

(1) L'auteur a fait des recherches utiles et curieuses sur l'atrophie dentaire, qu'il nomme *érosion* : il en indique les traces suivant les âges. Ce livre est utile à consulter.

MARTET (Toussaint.)

Dissertation sur l'extraction des dents, à l'aide d'un instrument nouvellement inventé ; in-8° avec figures. (Paris, 18 brumaire an XI.)

MAURY.

Manuel du Dentiste pour l'application des dents artificielles incorruptibles, suivi de la Description des Instruments perfectionnés. (Paris, 1820.) Deuxième édition principalement augmentée du Mode de fabrication des Dents incorruptibles. (Paris, 1822.)

Traité complet de l'art du Dentiste, d'après l'état actuel des connaissances. (Paris, 1833.) Orné de planches, et suivi d'un Vocabulaire Descriptif des instruments et autres objets qui doivent composer le matériel du cabinet et de l'atelier d'un Dentiste.

MEKEL.

Dissertatio an morbi, qui dentium translationem sequuntur, venerei sint necne ? (1792.)

MEYEN (Jean.)

Abhandlung von den gewœhnlichen Zahnkrank-
keiten. (Hanau, 1778 ; in-8°.)

MIEL.

Note sur la matière dont les dents sortent des
alvéoles et traversent les gencives , lue à la société
médico-pratique, 1810.

Description d'un nouvel Instrument pour exé-
cuter facilement une opération occasionée par la
fracture des Pivots des Dents artificielles dans les
racines qui les reçoivent, et quelques vues sur la
forme la plus avantageuse à donner à ces Pivots.
(Paris, 1808.)

Quelques idées sur le rapport des deux Dentitions et sur l'accroissement des mâchoires dans
l'homme. (Paris.)

Recherches sur l'art de diriger la seconde Dentition, en général. (Paris, 1826.)

MOBINS.

De odontalgiâ, seu de dentium statu naturali
atque præternaturali. (Iéna, 1661.)

MONAVINS.

De Dentium affectibus. (Basil, 1578.)

MONGIN.

Ergò prægnanti mulieri acutissimo Dentis dolore Laboranti, ejusdem evulsio. (1740.)

MONIER.

Dissertation sur les maladies des Dents. (Paris, 1783.)

MORTET.

Extraction des Dents, à l'aide d'un Instrument nouvellement inventé. (*Dissertation inaugurale.*) Paris, 1802.

MOUTON.

Essai d'Odontotechnie, ou Dissertation sur des Dents artificielles. (Paris, 1786.)

MURPHY.

A Natural History of the human teeth with a treatise on their Diseases from infancy to old age. (Londres, 1811.)

MYRRHEN.

Dissertatio de Odontalgiâ. (1693.)

N

NEDHARTE.

De affectibus Dentium.

NICOLAII.

Disssertatio de variis Dentium affectibus eorumque in sanitatem inflexu, (Iéna, 1799.)

O

OCTINGER.

Dissertatio de ortu Dentium. (1770.)

ORTFOB.

Dissertatio de Dentitione puerorum difficili.
(Leipsick, 1694.)

OUDET (Jean-Louis.)

Expériences sur l'accroissement continué et la reproduction des Dents chez les lapins, considérées sous le rapport de leur application à l'étude de l'organisation des Dents humaines. (Paris, 1823.)

P

PACHENS.

Dissertatio de Dentium Dolore. (1707.)

PALDAMENT.

Dissertatio de Dentium morbis. (1799.)

PALLU.

An Dentium dolori conferat talacum. (1642.)

PARMILY (Eléazar.)

An essay on the disordery and treatment of the teeth. (Londres, 1821.)

PARMILY (L.-S.)

A practical, guide to the management of the teeth, comprising a discovery of the origin of caries, or Decay of the teeth with its prevention et and cure. (Londres, 1818.)

Lectures on the natural history and management of the teeth. (Londres, 1820.)

PASCH.

Abhandlung von den Zæhnen, des Zæhnfeischesder – Kiefer, Krankheisten and Heilart. (Vienne, 1367.)

PAULI.

Dissertatio de Dolore Dentium. (1639.)

PESTORF.

Dissertatio de Dentitione difficili. (1699.)

PFAFF (Philippe.)

Traité des Dents et de leurs maladies. (Berlin, 1756.

PLANER.

Dissertatio de Odontalgiâ. (1695.)

PLENET.

De Dentium et Gingivarum morbis. (Vienne, 1779.

PLISSON.

Observation sur une maladie extraordinaire des gencives. (Lyon, 1781.)

PLOUCQUET (Guillaume-Godefroi.)

Prima linea odontidis, sive inflammationis ipsorum Dentium. (Dissertatio, 1794.)

POLH.

De Difficili infantum Dentitione. (Leipsick, 1776.)

POSEWITZ.

Semeilogia aphtharum idiopaticarum et symptomaticarum. (1790.)

R

RAN.

Dissertatio de ortu et generatione Dentium. (1694.)

RÉGUART.

Mémoire sur un nouveau moyen d'Obturation des Dents. (Paris, 1818.)

RENGELMANN.

De ossium Morbis eorumque inspecie Dentium carie. (1805.)

RICH.

Principes d'Odontotechnie, ou Réflexions sur la conservation des Dents et des Gencives. (Paris, 1790.)

Mémoire sur les Dents raciformes ou racisubériques. (Paris, 1816.)

Instruction sur l'entretien des Dents et des

Gencives, sur les propriétés d'une liqueur utile pour la guérison de leurs affections et pour un grand nombre d'autres cas maladifs. (Paris, 1816.)

RIVIÈRE.

Instruction pour conserver les Dents. Pour conserver les Dents saines et belles aux diverses époques de la vie; Adulique pour maintenir la bouche fraîche; 1 vol. in-12. (Paris, 1815.)

ROGERS (WILLIAM), inventeur des Osanores.

Encyclopédie du Dentiste, 1 fort vol. in-8° avec planches.

Cet ouvrage a reçu du public l'accueil le plus favorable.

Manuel d'Hygiène Dentaire à l'usage de toutes les classes et professions.

Le célèbre Lallemand de Montpellier a accepté la dédicace de cet ouvrage.

Le Dictionnaire des Sciences Dentaires.

S. A. Ibrahim-Pacha a accepté la dédicace de ce dernier ouvrage.

ROSFING.

Dissertatio de Odontalgiâ. (Iéna, 1669.)

ROSSET.

Sur la Dentition. (*Dissertation inaugurale.*)
(Paris, an XII.)

ROUSSEAU.

Dissertation sur la première et la deuxième
Dentition. (Paris, 1820.)

Anatomie Comparée du système Dentaire chez
l'homme et ses principaux animaux. (Paris, 1827,
avec 50 planches.)

ROUX.

Mémoire sur la Staphyloraphie ou Suture du
voile du Palais. (Paris, 1825.)

RUBITRI.

Dissertatio de Dentitione difficili. (1805.)

RUSPINI.

A treatise on the teeth, their structure and variores Diseyes. (Londres, 1779.)

S

SANCEROTTE (Victor.)

Avis sur la conservation des Dents. (Paris, 1815.)

Cet opuscule qui est destiné plutôt aux gens du monde qu'aux dentistes, est la production d'un homme instruit et bon praticien. L'auteur indique les frictions sur les Gencives, comme un moyen curatif contre l'ébranlement et le gonflement des Dents. Les frictions, dit-il, se font au moyen d'une brosse mouillée d'un elixir, dont la base est une teinture de cachou, de quinquina et d'écorce de Winter.

SCARDOVI.

Dissertatio de alentibus. (1645.)

SCHEERS.

Dissertatio de Dentibus. (Utrecht, 1772.)

SCHOEFFER.

Sur les vers qu'on suppose exister dans les Dents. (Ratisbonne, 1751.)

SCHELHAMMER.

Dissertatio de odontalgiâ tactu sanandâ. (Ièna. 1711.)

SCHMIDT.

L'art de maintenir les Dents depuis l'enfance. (Gotha, 1801.)

Le moyen de saigner et de maintenir les Dents saines. (1805.)

Théorie et pratique des Dents. (Leipsick, 1806.)

Quelques mots à ceux qui désirent maintenir les Dents dans un bel état. (1801.)

SCHMIEDEL.

Dissertatio de Dentitione, præsertim infantum difficili. (1751.)

SCHVWARDT.

De Dentibus sapientiæ eorumque Morbis.
(1728.)

¡SEBISINS.

Disputationes quatuor de Dentibus. (1645.)

De Dentibus, urinâ et morbis contagiosis.
(1664.)

SENNERTUS.

Dissertatio de Dentium Dolore. (1629.)

SERRES.

Essai sur l'Anatomie, la Physiologie des Dents,
ou nouvelle théorie de la Dentition. (Paris, 1817.)

SIGMOND.

A practical and domestic treatise of the Diseases
and irregularities of teeth and gums, with the me-
thods of treatment. (1825.)

SKINNER.

Traité des Dents de l'homme offrant une exposition concise de leur structure, ainsi que la cause de deux maladies et de leur chute. (New—Yorck. 1801.)

STISSER.

Dissertatio de odontalgià. (1675.)

STRASBURG.

Dissertatio *peri odontalguias*. (1651.)

STREITLEIN.

Dissertatio de Dentitione. (1688.)

STROBELBERGER.

De Dentium podagrâ, sive de odontalgià. (Leipsick, 1630.)

T

TAVEAU.

Hygiène de la Bouche. (Paris, 1826.)

Conseils aux fumeurs sur la conservation de leurs Dents. (Paris, 1827.)

TEXIER.

Ergò quibus rariores Dentes, *brakuteroi*. (Paris, 1627.)

TENON.

Mémoire sur une Méthode particulière d'étudier l'Anatomie, employée par forme d'essai à des recherches sur les Dents et sur les os des Mâchoires. (Paris, an VI.)

Ce Mémoire est inséré à la page 558 du premier volume des Mémoires de l'Institut, an VI.

TIMAERY.

A treatise on the tooth-ach. (Londres, 1769.

TORAC.

Sur les Dents considérées sous le rapport de la santé, de la physionomie et de la prononciation. (*Dissertation Inaugurale.*) (Paris, 1823.)

TOLVER.

A treatise on the Teeth. (Londres, 1752.)

TOUCHARD.

Description d'un observateur Dentier présenté à la Société de Médecine de Paris , suivie de remarques sur les Dents artificielles, (Paris, 1814.)

TRASTUS.

Dissertatio de Dentibus, in Disputatione et epistolâ. (Tiguri, 1595.)

TROUBAT.

Accidents d'une Dentition difficile ou laborieuse , moyens certains d'y remédier. (Mayenne, 1824.)

TRECURTH.

Dissertatio de Odontalgiâ. (1688.)

TULLER.

A popular essay on the structure formation and management of the teeth, illustrated by engraving.

V

VACHER.

Dissertatio de Dentium affectibus. (Paris, 1764.

VALENTINI.

Dissertatio de vacillatione, casu et reparatione Dentium. (1727.)

VAN DER BELEN.

Dissertatio de Odontalgiâ. (1782.)

VAN DER MAESSEN.

Sur la nécessité de soigner les Dents et les Gencives. (Gotha, 1802.)

Le Dentiste pour tous les états. (Leipsick, 1803.)

Comment les parents peuvent-ils faciliter les moyens de faire des Dents aux enfants ? (1807.)

VASE.

Ergò hemorrhagia ex Dentium evulsione, chirurgici incuriâ lethalis. (Paris, 1735.)

VATER.

Dissertatio de Odontalgiâ. (1683.)

VESTÉ.

Dissertatio de odontalgiâ. (1697.)

VIGIER.

Tractatus de Catarrho, Rhumatismo, vitiis Dentium. (Genève, 1620.)

VAUQUELIN.

Rapport sur le tartre des Dents, fait à la section de pharmacie de l'Académie royale de Médecine. (Paris, 1725.)

W

WAGNER.

Dissertatio de Dentium difficili. (1798.)

WALKEQ.

On the Diseases of the teeth , thir origin an plane. (Londres, 1795.)

WARENINS.

Dissertatio de Catarrho , ex eo descendentibus. (1665.)

WEDEL.

Dissertatio de Dentitione infantum. (1678.)

WEYLAND.

Disputatio de ozænâ maxillari cum ulcere fistu-
losâ ad angulum oculi internum complicato.
(1777.)

WOOFFENDALE.

Practical observations on the human teeth.
(Londres, 1788.)

Z

ZAKBOCJEN.

Bettavende de Middelan om de gezondheits der
tanden te Berwaaren. (Aruheins, 1804.)

ZBOUATREITE.

De Dentitione secundâ juniorum. (Leipsick ,
1758.)

ZEIDLER.

Dissertatio de Dolore Dentium. (1651.)

ZIEGLER.

Disputatio de Morbis præcipuis sinuum, ossis frontis maxillæ superioris et quibusdam mandibulæ inferioris (1750.)

ZIEGLER (François.)

Dissertatio de Odontalgiâ. (Utrecht, 1695.)

JOURNAUX ET RECUEILS PÉRIODIQUES
QUI TRAITENT DE L'ART DENTAIRE.

Académie Royale de Médecine.

Acta eruditorum. (Leipsick.)

Acta Helvetiæ.

Acta naturæ curiosorum.

Bulletin de la Faculté de Médecine de Paris.

Commercium Litterarium.

L'Encyclopédie par ordre de matières.

Journal de Médecine et de Chirurgie.

Journal général de Médecine.

Journal der practischen Heickuade.

Journal der erfundungen.

Physical and Medical journal.

Journal des Savants.

Mémoires de la Société Médicale d'Émulation.

Mémoires de la Société Royale de Médecine.

Recueil périodique de la Société de Médecine.

Medical Repositions.

Transactions Philosophiques.

FIN.

TABLE DES MATIÈRES

CONTENUES DANS CE VOLUME.

FIN DE LA TABLE DES MATIÈRES.